浙江省普通本科高校"十四五"重点教材

普通高等教育新工科机器人工程系列教材

智能机器人创新实践

主　编　付明磊

副主编　张文安　仇　翔

参　编　刘锦元　邵　渊　郑家豪　张　欣　李德全

　　　　徐　涛　李臻恺　李阿辉　游小超　熊鑫龙

　　　　董昭君　柴一豪　李圣洲　张　齐　谢水镔

　　　　张怀政　邵嘉琪

U0255526

机械工业出版社

本书以 Dobot 魔术师机器人和 DashGO D1 智能移动平台作为机器人硬件平台，以 ROS 作为机器人软件操作系统，以百度大脑 AI 开放平台提供的开发资源作为机器人 AI 功能支撑，设计了码垛机器人、声控分拣机器人、激光雷达自主导航机器人、视觉循码移动机器人和视觉追踪移动机器人共 5 个智能机器人创新项目，实现了"国产机器人平台+国产 AI 开放平台"的无缝组合。

本书以案例教学为特色，注重机器人开发技术与 AI 技术的融合。本书核心内容既包含必要的机器人学基础知识，如机械臂的正逆运动学模型、二轮差速运动模型等，又包含智能机器人开发的软件环境和 AI 技术应用方法，如 Linux 系统的安装与基本操作、ROS 的使用、语音识别功能的实现和目标检测功能的实现等。

本书提供全部内容的电子课件和实验代码，任课教师可在机工教育网（www.cmpedu.com）以教师身份注册后，免费下载。

本书既可以作为高等院校机器人工程、自动化、人工智能、智能科学与技术等专业的本科生、研究生的教材，也可以作为对智能机器人感兴趣的技术人员的参考书。

图书在版编目（CIP）数据

智能机器人创新实践/付明磊主编. —北京：机械工业出版社，2023.10
（2024.11 重印）

普通高等教育新工科机器人工程系列教材
ISBN 978-7-111-73661-5

Ⅰ.①智… Ⅱ.①付… Ⅲ.①智能机器人-高等学校-教材 Ⅳ.①TP242.6

中国国家版本馆 CIP 数据核字（2023）第 148940 号

机械工业出版社（北京市百万庄大街 22 号　邮政编码 100037）
策划编辑：余　皞　　　　　　责任编辑：余　皞　周海越
责任校对：龚思文　陈　越　　封面设计：张　静
责任印制：李　昂
北京捷迅佳彩印刷有限公司印刷
2024 年 11 月第 1 版第 2 次印刷
184mm×260mm · 15.5 印张 · 381 千字
标准书号：ISBN 978-7-111-73661-5
定价：49.80 元

电话服务　　　　　　　　　　网络服务
客服电话：010-88361066　　机　工　官　网：www.cmpbook.com
　　　　　010-88379833　　机　工　官　博：weibo.com/cmp1952
　　　　　010-68326294　　金　书　网：www.golden-book.com
封底无防伪标均为盗版　机工教育服务网：www.cmpedu.com

前 言

● **为何写作本书**

机器人被誉为"制造业皇冠顶端的明珠"，其研发、制造、应用是衡量一个国家科技创新和高端制造业水平的重要标志。当前，机器人产业蓬勃发展，正极大地改变着人类生产和生活的方式，为经济社会发展注入了强劲动力。

目前，机器人产业已经形成了美、德、日、韩、中五大机器人市场。这五大市场占据了全球工业机器人市场的74%。其中，美国是世界上最早使用工业机器人的国家，德国是欧洲最大的机器人市场，两国的产业政策都以功能型产业政策为主。韩国和日本的机器人产业起步虽晚，但是政府倡导的选择型产业政策使得两国的机器人产业迅速崛起，在全球机器人密度排名中，韩国、日本分别位列第一、第四。为了实现我国机器人技术对发达国家的赶超，机器人被列为《中国制造2025》十大重点领域之一。到2025年，我国将成为全球机器人技术创新策源地、高端制造集聚地和集成应用新高地，一批机器人核心技术和高端产品将取得突破，整机综合指标将达到国际先进水平，关键零部件性能和系统可靠性将达到国际同类产品水平。

党的二十大报告指出："加快实施创新驱动发展战略。坚持面向世界科技前沿、面向经济主战场、面向国家重大需求、面向人民生命健康，加快实现高水平科技自立自强。"为实现这一宏伟目标，一方面，在2021年12月工业和信息化部等15部门同步联合印发的《"十四五"机器人产业发展规划》，提出：到2025年，我国机器人产业营收年均增速超20%；到2035年，机器人将成为人民生活重要组成部分。该规划部署了提高产业创新能力、夯实产业发展基础、增加高端产品供给、拓展应用深度广度、优化产业组织结构五项主要任务。

另一方面，国家加强对机器人技术人才的培养力度。根据近五年教育部公布的普通高等学校本科专业备案和审批结果的通知，截至2022年3月，全国共有322所高校成功备案"机器人工程"专业，440所高校成功备案"人工智能"专业，265所高校成功备案"智能制造工程"专业。如果再考虑自动化、智能科学与技术等新工科专业的建设需求，全国开设机器人相关课程的专业数量接近2000个，每年参加机器人相关课程学习与实践的本科生人数接近10万人。

党的二十大报告指出："深入实施人才强国战略。培养造就大批德才兼备的高素质人才，是国家和民族长远发展大计。"本书希望能够为我国机器人专业、人工智能专业等与机器人产业密切相关的专业人才培养贡献一份微薄的力量。本书主要以机器人为应用对象，更多地从实验案例角度（而非学术研究角度）出发，详细介绍基于ROS和百度EasyDL平台的智能机器人开发过程，详细剖析智能机器人开发实践所需的基本知识与技术实现过程。本书编写的初衷是为了总结我们近年来在智能机器人系统开发和实验方面的教学建设成果，向本领域初学者分享我们的一些学习经验。

本书的编写特色如下：

特色 1 本书以"国产机器人平台+国产 AI 开放平台"为实验项目开发平台，实现了机器人技术与人工智能技术的有机组合，融入了智能制造、智能物流的元素。本书既体现了机器人工程、人工智能、智能制造工程等交叉融合专业的特色，又展现了国产技术和产品的优秀性能，有利于激发学生的民族自豪感和自信心，有利于培养学生科技报国的家国情怀和使命担当。

特色 2 本书服务于专业综合实践教学的实际需求，以案例式教学为授课方式，体现了"学生中心、产出导向、持续改进"的教育理念。本书能够帮助教师从教学目标、教学内容、教学方式和考核方式等方面推进课程思政教育，全面贯彻党的教育方针。

特色 3 本书提供的 5 个实验项目来自于实际的加工生产场景，生动形象，趣味性强，有利于激发学生的学习兴趣，提升学生对专业培养的满意度和认同感，体现创新教育新范式。

- **如何阅读本书**

本书内容包含 8 个章节，按照知识结构，可以划分为 4 个部分。读者既可以按照章节顺序逐步学习，也可以选择其中部分章节单独学习。教师可以根据实验设备和课程学时的具体情况安排教学和实验内容，本书建议的学时安排如图 1 所示。

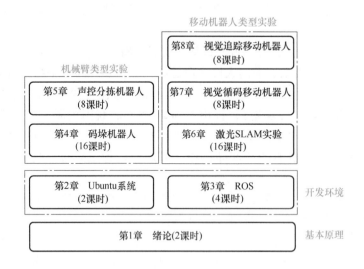

图 1 本书建议的学时安排

第 1 部分是本书第 1 章，主要介绍机器人的定义、机器人发展史、现代机器人关键技术与应用分类、Dobot 魔术师机器人与机械臂基础知识、DashGO D1 智能移动平台与移动机器人基础知识、百度 EasyDL 开发平台与基本操作等。第 1 部分内容是本书的机器人理论知识基础，以具体的机器人平台为示例，帮助读者建立从理论到应用的联系。

第 2 部分是本书的第 2、3 章,其中第 2 章主要介绍 Ubuntu 系统安装和 Linux 系统常用操作命令,第 3 章主要介绍 ROS 安装、ROS 基础知识、ROS 常用操作、ROS 下相机的使用、移动机器人 RViz 与 Gazebo 仿真等。第 2 部分内容是本书的开发环境基础,以相机和移动机器人仿真为示例,帮助读者熟悉和掌握 ROS 的使用。

第 3 部分是本书的第 4、5 章,其中第 4 章主要介绍 Dobot 码垛机器人项目、EasyDL 模型的编译与使用、Dobot-demo 的编译和使用、TF 树的发布与坐标变换和 Dobot 码垛机器人实验操作,第 5 章主要介绍声控分拣机器人项目简介、EasyDL 物体检测模型的编译与使用、EasyDL 语音识别模型的编译与使用和声控分拣机器人实验操作等。第 3 部分是本书中机械臂类型的机器人实验案例,以 Dobot 魔术师机器人和 EasyDL 开发平台为示例,帮助读者熟悉和掌握图像处理、语音识别等 AI 功能如何让机器人变得更智能。

第 4 部分是本书的第 6~8 章。其中第 6 章主要介绍 EAI 机器人激光 SLAM 与自主导航项目、EAI 机器人的编译与使用、激光雷达的原理与使用、Gmapping 建图原理与实验操作、AMCL 粒子滤波原理与实验操作、move_base 原理与实验操作。第 7 章主要介绍机器人视觉循码项目、视觉循码原理、QR 二维码、EasyDL 模型的编译与使用、移动机器人视觉循码实验操作。第 8 章主要介绍移动机器人视觉追踪项目、视觉追踪原理、EasyDL 模型的编译与使用、机器人视觉追踪实验操作等。第 4 部分内容是本书中移动机器人类型的机器人实验案例,以 DashGO D1 智能移动平台和 EasyDL 开发平台为示例,帮助读者熟悉和掌握 QR 二维码识别、视频处理等 AI 功能,从而让机器人变得更智能。

尊敬的读者,在您的学习过程中,我们希望您不仅关注机器人技术的发展,更要深入思考人工智能对于社会、经济、文化等方面的影响,以及如何推动其可持续、公正、人性化地发展。中央提出了建设创新型国家和现代化经济体系的战略目标,指出了科技创新对于实现这一目标的关键作用。机器人技术的快速发展和广泛应用,正是创新的重要体现。我们应该努力发挥机器人技术在推动经济社会发展、改善人民生活、提高国家竞争力等方面的作用,同时也要关注其潜在的风险和挑战,积极探索解决之道。此外,中央还强调了加强全球治理和构建人类命运共同体的重要性,这与机器人技术的全球化发展密切相关。我们应该倡导开放、合作、共赢的精神,积极参与国际机器人技术标准制定和合作交流,推动机器人技术的国际规范化和标准化,为全球可持续发展做出积极贡献。

在本书中,我们将贯彻落实党的二十大精神,努力推动机器人技术的创新和应用,以及促进人工智能和人类社会的和谐发展。我们希望本书能够成为广大读者深入了解机器人技术、拓展视野、掌握技能的重要学习资料,为我国机器人事业的蓬勃发展做出贡献。

致谢

首先感谢国家重点研发计划"政府间国际科技创新合作"重点专项项目(2022YFE0121700)、国家自然科学基金项目(62111530299)、教育部产学合作协同育人项目(201802003029)、浙江省自然科学基金重大项目(LD21F030002)为本书提供了资金支持。

感谢人机协作技术浙江国际科技合作基地、智能感知与系统教育部工程研究中心和浙江省嵌入式系统联合重点实验室为本书提供的研究条件支持。

感谢浙江工业大学控制科学与工程一级学科和浙江工业大学自动化系为本书提供的大力帮助。

本书由付明磊任主编，张文安和仇翔任副主编。参与本书编写的有来自浙江工业大学信息工程学院的刘锦元、邵渊、郑家豪、张欣、李德全、徐涛、李臻恺、李阿辉、游小超、熊鑫龙、董昭君、柴一豪、李圣洲、张齐、谢水镔、张怀政、邵嘉琪。

由于编者水平有限，书中难免存在错误和不足之处，恳请各位读者批评指正，并与我们联系。我们将严肃认真对待大家的批评和建议，进一步完善本书的内容。

编　者

目 录

第1章

绪论

1.1 机器人的定义

机器人形象和机器人（Robot）一词，最早出现在科幻和文学作品中。1920 年，捷克作家卡雷尔·卡佩克发表了一部名为《罗萨姆的万能机器人》的剧本，剧中叙述了一个叫罗萨姆的公司把机器人作为人类生产的工业品推向市场，让它充当劳动力代替人类劳动的故事。作者根据小说中 Robota（捷克文，原意为"劳役、苦工"）和 Robotnik（波兰文，原意为"工人"）创造出 Robot 这个词。

1950 年，科幻小说家艾萨克·阿西莫夫在小说《我，机器人》中设立了著名的"机器人学的三大法则"。

阿西莫夫提出所有机器人必须遵守的"三大法则"：

1）机器人不得伤害人类，且确保人类不受伤害。

2）在不违背第一法则的前提下，机器人必须服从人类的命令。

3）在不违背第一及第二法则的前提下，机器人必须保护自己。

"机器人学的三大法则"的目的是为了保护人类不受伤害，但阿西莫夫在小说中也探讨了机器人在不违反三大法则的前提下伤害人类的可能性，甚至在小说中不断地挑战这三大法则，在看起来完美的定律中找到许多漏洞。在现实中，"机器人学的三大法则"成为机械伦理学的基础，目前的机械制造业都遵循这三大法则。

那么机器人的定义到底是什么呢？不同国家的机器人协会对机器人的定义不同。

1）我国学术组织对机器人的定义：机器人是一种自动化的机器，具备一些与人或生物相似的智能能力，如感知能力、规划能力、动作能力和协同能力，是一种具有高度灵活性的自动化机器。

2）美国机器人工业协会对机器人的定义：机器人是一种用于移动各种材料、零件、工具或专用装置，通过可编程动作来执行各种任务，并具有编程能力的多功能操作机。

3）日本工业机器人协会对机器人的定义：机器人是一种带有记忆装置和末端执行器、能够通过自动化的动作而代替人类劳动的通用机器。

4）国际标准化组织对机器人的定义：机器人是一种能够通过编程和自动控制来执行作业或移动等任务的机器。

维基百科给出的机器人定义：一切模拟人类行为或思想及模拟其他生物的机械（如机器狗、机器猫等）。狭义上对机器人的定义还有很多分类法及争议，甚至有些计算机程序也被称为机器人。在当代工业中，机器人指能自动执行任务的人造机器设备，用以取代或协助人类工作，一般是机电设备，由计算机程序或电子电路控制。

由此可见，虽然国内外对于机器人定义的基本原则大体一致，但仍有较大的区别。在科技界，科学家会给每一个科技术语一个明确的定义。虽然机器人问世已有几十年，且还在不断发展，新的机型、新的功能不断出现，机器人未被明确定义的根本原因是其涉及人的概念，成为一个难以回答的哲学问题。就像机器人一词最早诞生于科幻小说之中一样，人们对机器人充满了幻想。也许正是由于机器人模糊的定义，才给了人们充分的想象和创造空间。

1.2　古代机器人简介

虽然直到 20 世纪中叶，"机器人"才作为专业术语被加以引用，但是机器人的雏形早在 3000 年前就已经存在于人类的想象中。我国西周时代就流传着有关巧匠偃师献给周穆王一个艺妓（歌舞机器人）的故事。

春秋时代（公元前 770—公元前 476 年）后期，被尊称为木匠祖师爷的鲁班，利用竹子和木料制造出一个木鸟，如图 1-1 所示，它能在空中飞行，"三日不下"。这件事在古书《墨经》中有所记载。虽然有着一定的传说色彩，但这也称得上是世界上第一个空中飞行机器人的概念。

图 1-1　木鸟

东汉时期（公元 25—220 年），我国大科学家张衡不仅发明了震惊世界的"候风地动仪"，还发明了测量路程的"计里鼓车"。该车上装有木人、鼓和钟，每走 1 里，击鼓 1 次，每走 10 里击钟 1 次，真是奇妙无比。

三国蜀汉时期（公元 221—263 年）的丞相诸葛亮既是一位军事家，也是一位发明家。他创造出的"木牛流马"可以运送军用物资，如图 1-2 所示。这也许是最早的陆地军用机器人。

国外也有一些科学家很早就开始了在机器人方面的探索，甚至有一些国家已经研制出了机器人的雏形。

在公元前 2 世纪出现的书籍中，描写过一个包含有类似机器人角色的机械化剧院，这些角色能够在宫廷仪式上进行舞蹈和列队表演。

图 1-2　木牛流马

公元前 2 世纪，古希腊人发明了一种机器人，它用水、空气和蒸汽压力作为动力，能够做动作，会自己开门，可以借助蒸汽唱歌。

1662 年，日本人竹田近江利用钟表技术发明了能进行表演的自动机器玩偶；到了 18 世纪，日本人若井源大卫门和源信，对该玩偶进行了改进，制造出了端茶玩偶。该玩偶双手端着茶盘，当人们将茶杯放到茶盘上后，它就会走向客人将茶送上。客人取茶杯时，它会自动停止走动，待客人喝完茶将茶杯放回茶盘之后，它就会转回原来的地方。

法国的天才技师杰克·戴·瓦克逊于 1738 年发明了一只机器鸭。它会游泳、喝水、吃东西和排泄，还会嘎嘎叫。

瑞士钟表名匠德罗斯父子 3 人于 1768—1774 年间，设计制造出 3 个真人大小的机器人——写字偶人、绘图偶人和弹风琴偶人。它们是由凸轮控制和弹簧驱动的自动机器，至今还作为国宝保存在瑞士纳切特尔市艺术和历史博物馆内。

1770 年，美国科学家发明了一种报时鸟，一到整点，这种鸟的翅膀、头和喙便开始运动，同时发出叫声。它的主弹簧驱动齿轮转动，活塞压缩空气发出叫声，同时齿轮转动时带动凸轮转动，从而驱动翅膀和头运动。

1893 年，加拿大的摩尔设计的能行走的机器人"安德罗丁"，以蒸汽为动力。

可以说，这些古代机器人工艺珍品，标志着人类的机器人愿景在从梦想到现实的道路上前进了一大步。

1.3　近代机器人简介

工业机器人的研究最早可追溯到第二次世界大战期间。在 20 世纪 40 年代后期，橡树岭国家实验室和阿尔贡国家实验室开始实施计划，研制遥控式机械手，用于搬运放射性材料。这些系统是"主从"型的，可以准确地"模仿"操作员的手臂动作。"主机械手"由使用者进行引导做动作，而"从机械手"尽可能准确地模仿主机械手的动作。后来，人们将力的反馈加入"机械耦合主从机械手"的动作中，使操作员能够感觉到环境物体给机械手的作用力。

1954 年，美国人乔治·德沃尔制造出世界上第一台可编程的机器人。当年，他提出了"通用重复操作机器人"的方案，并在 1961 年获得了专利。1958 年，被誉为"工业机器人之父"的约瑟夫·恩格尔伯格创建了世界上第一个机器人公司——Unimation（意为 Universal Automation）公司。1959 年，德沃尔与恩格尔伯格联手制造出全球第一台工业机器人。这是一台用于压铸的五轴液压驱动机器人，手臂的控制由一台计算机完成。它采用了分离式固体数控元件，并装有存储信息的磁鼓，能够完成 180 个工作步骤的记忆。与此同时，另一家美国公司——AMF 公司也开始研制工业机器人，即 Versatran（意为 Versatile Transfer）机器人。它采用液压驱动，主要用于机器之间的物料运输。该机器人的手臂可以绕底座回转，沿垂直方向升降，也可以沿半径方向伸缩。一般认为，Unimate 和 Versatran 机器人是世界上最早的工业机器人。

图 1-3 所示为第一代可编程机器人 Unimate，这类机器人一般可以根据操作员编写的程序，完成一些简单的重复性操作。这类机器人从 20 世纪 60 年代后期开始在工业界投入使用。

图 1-3 第一代可编程机器人 Unimate

机器人技术在工业领域崭露头角的同时，也得到了学术界的关注。1961 年，美国麻省理工学院林肯实验室把一个配有接触传感器的遥控操纵器的从动部分与一台计算机连接起来，这样的机器人便可凭触觉决定物体的状态。

1968 年，美国斯坦福人工智能实验室（SAIL）的约翰·麦卡锡等人研究了一项新颖的课题：研制带有手、眼、耳的计算机系统。从那时起，智能机器人的形象逐渐丰满起来。

1969 年，美国原子能委员会和国家航空航天局共同研制成功了装有人工臂、电视摄像机和拾声器等装置的既有"视觉"又有"感觉"的机器人。

1979 年，Unimation 公司推出了 PUMA 系列工业机器人。它是全电动驱动，具有关节式结构，采用多 CPU 二级微机控制和 VAL 专用语言，可配置视觉和触觉感受器的机器人。同年，日本山梨大学的牧野洋研制出具有平面关节的 SCARA 型机器人。

20 世纪 70 年代出现了更多的机器人商品，并在工业生产中逐步获得推广应用。随着计算机科学技术、控制技术和人工智能的发展，机器人的研究开发在水平和规模上，都得到了迅速发展。据统计，1980 年全世界有 2 万余台机器人在工业中应用。可以说，20 世纪 60 年代和 70 年代是机器人发展最快、最好的时期，这期间的各项研究发明有效地推动了机器人技术的发展和推广。

1.4 现代机器人简介

在过去的三四十年间，机器人学和机器人技术获得了引人注目的发展，具体体现在：

1）机器人产业在全世界迅速发展。

2）机器人的应用范围遍及工业、科技和国防的各个领域。

3）形成了新的学科——机器人学。

4）机器人向智能化方向发展。

5）服务机器人成为机器人的新秀而迅猛发展。

根据机器人的应用环境，现代机器人分为三大类别：工业机器人、服务机器人和特种机器人。

典型的工业机器人包含：面向汽车、航空航天、轨道交通等领域的高精度、高可靠性的焊接机器人；面向半导体行业的自动搬运、智能移动与存储等真空（洁净）机器人；具备防爆功能的民爆物品生产机器人；AGV（无人搬运车）、无人叉车，分拣、包装等物流机器人；面向3C、汽车零部件等领域的大负载、轻型、柔性、双臂、移动等协作机器人；可在转运、打磨、装配等工作区域内任意位置移动、实现空间任意位置和姿态可达、具有灵活抓取和操作能力的移动操作机器人。

典型的服务机器人包含：果园除草、精准植保、果蔬剪枝、采摘收获、分选，以及用于畜禽养殖的喂料、巡检、清淤泥、清网衣附着物、消毒处理等农业机器人；采掘、支护、钻孔、巡检、重载辅助运输等矿业机器人；建筑部品部件智能化生产、测量、材料配送、钢筋加工、混凝土浇筑、楼面墙面装饰装修、构部件安装、焊接等建筑机器人；手术、护理、检查、康复、咨询、配送等医疗康复机器人，助行、助浴、物品递送、情感陪护、智能假肢等养老助残机器人；家务、教育、娱乐和安监等家用服务机器人；讲解导引、餐饮、配送、代步等公共服务机器人。

典型的特种机器人包含：水下探测、监测、作业、深海矿产资源开发等水下机器人；安保巡逻、缉私安检、反恐防暴、勘查取证、交通管理、边防管理、治安管控等安防机器人；消防、应急救援、安全巡检、核工业操作、海洋捕捞等危险环境作业机器人；检验采样、消毒清洁、室内配送、辅助移位、辅助巡诊查房、重症护理辅助操作等卫生防疫机器人。

在全球市场上，以日本发那科（FANUC）、安川电机（YASKAWA）、瑞士的ABB、德国的库卡（KUKA）组成的"四大家族"在工业机器人市场上占据了50%以上份额。而我国拥有沈阳新松、安徽埃夫特、广州数控、南京埃斯顿等优秀本土企业。

1.5　机器人关键技术与产业链

根据《"十四五"机器人产业发展规划》，机器人关键技术主要可以分为机器人共性技术和机器人前沿技术。

机器人共性技术主要包括机器人系统开发技术、机器人模块化与重构技术、机器人操作系统技术、机器人轻量化设计技术、信息感知与导航技术、多任务规划与智能控制技术、人机交互与自主编程技术、机器人云-边-端技术、机器人安全性与可靠性技术、快速标定与精度维护技术、多机器人协同作业技术、机器人自诊断技术等。

机器人前沿技术主要包括机器人仿生感知与认知技术、电子皮肤技术、机器人生机电融合技术、人机自然交互技术、情感识别技术、技能学习与发育进化技术、材料结构功能一体化技术、微纳操作技术、软体机器人技术、机器人集群技术等。

机器人产业链主要分为上游核心零部件、中游本体制造和下游应用三方面，如图1-4所示。其中，上游核心零部件主要包括各类零部件厂商，提供机器人生产中所需要的核心组件和功能模块。中游本体制造和系统集成环节，涵盖机器人本体制造商和面向应用部署服务的系统集成商。下游应用主要由不同领域的企业客户和个人消费者构成，形成巨大的机器人应用市场。

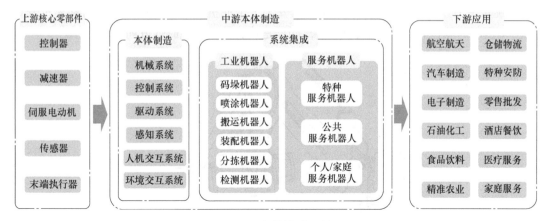

图 1-4 机器人产业链

1.6 本书使用的机器人平台简介

1.6.1 Dobot 魔术师机器人简介

Dobot 魔术师机器人是深圳市越疆科技有限公司研发的一款桌面级智能机械臂。机器人由底座、大臂、小臂、末端工具等组成，实物外观如图 1-5 所示。读者可以在该公司官网（https://www.dobot.cn/）了解关于 Dobot 魔术师机器人的更多信息。

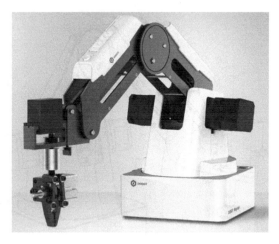

图 1-5 Dobot 魔术师机器人实物

1. Dobot 魔术师机器人的坐标系

Dobot 魔术师机器人的坐标系可分为关节坐标系和笛卡儿坐标系。

关节坐标系是以各个运动关节作为参照确定的坐标系。对于关节坐标系，需要考虑是否在末端安装带舵机的末端套件。若未安装带舵机的末端套件，则它包含 3 个关节：$J_1 \sim J_3$，且均为旋转关节，逆时针方向旋转为正；若安装了带舵机的末端套件，如吸盘和夹爪套件，如图 1-6 所示，则包含 4 个关节：$J_1 \sim J_4$，同样是旋转关节，逆时针方向旋转为正。

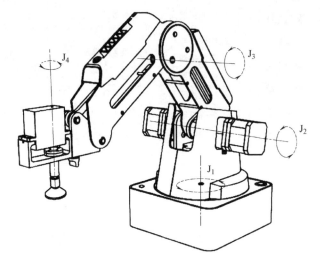

图 1-6   安装带舵机末端套件的关节坐标系

笛卡儿坐标系是以机械臂底座为参照确定的坐标系。其原点为大臂、小臂和底座 3 个电动机三轴的交点。X 轴方向垂直于固定底座向前；Y 轴方向垂直于固定底座向左；Z 轴方向符合右手定则，垂直向上为正方向。如图 1-7 所示，R 轴为末端舵机中心相对于原点的姿态，逆时针为正。当安装了带舵机的末端套件时，才存在 R 轴。R 轴坐标为 J_1 轴和 J_4 轴坐标之和。

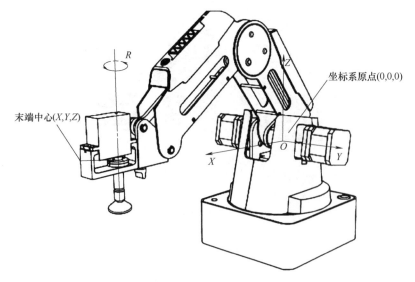

图 1-7   安装带舵机末端套件的笛卡儿坐标系

2. Dobot 魔术师机器人的运动学分析

为便于本书第 4 和 5 章的项目开展，本节对 Dobot 魔术师机器人进行运动学分析。根据

D-H 建模方法，建立 Dobot 机器人参考坐标系如图 1-8 所示。

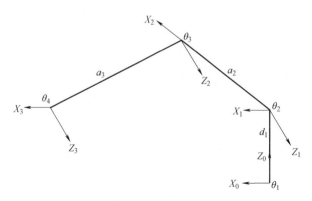

图 1-8 Dobot 魔术师机器人的 D-H 参考坐标系

对照图 1-8，其中的 4 为末端可拆卸带舵机套件，本书建立表 1-1 所列的 D-H 参数表。表 1-1 中各个连杆参数分别为 $d_1 = 80\text{mm}$、$a_2 = 135\text{mm}$、$a_3 = 160\text{mm}$。

表 1-1 Dobot 魔术师机器人的 D-H 参数表

连杆 i	θ_i	d_i	a_i	α_i
1	θ_1	d_1	0	$-(2\pi/3)$
2	θ_2	0	a_2	0
3	θ_3	0	a_3	0
4	θ_4	0	0	0

（1）Dobot 魔术师机器人的正运动学分析 机器人的正运动学（forward kinematics）是指已知关节坐标，求解末端的位置和姿态。通过正弦、余弦变换进行表示：

$$c_1 = \cos\theta_1, \quad c_2 = \cos\theta_2, \quad c_3 = \cos\theta_3$$
$$s_1 = \sin\theta_1, \quad s_2 = \sin\theta_2, \quad s_3 = \sin\theta_3$$
$$s_{23} = \sin(\theta_2 + \theta_3), \quad c_{23} = \cos(\theta_2 + \theta_3)$$

因此，可以得到 $J_1 \sim J_4$ 的各个坐标系转换矩阵分别为

$$\boldsymbol{T}_{01} = \boldsymbol{A}_{01} = \begin{bmatrix} c_1 & 0 & -s_1 & 0 \\ s_1 & 0 & c_1 & 0 \\ 0 & -1 & 0 & d_1 \\ 0 & 0 & 0 & 1 \end{bmatrix} \tag{1-1}$$

$$\boldsymbol{T}_{12} = \boldsymbol{A}_{12} = \begin{bmatrix} c_2 & -s_2 & 0 & a_2 c_2 \\ s_2 & c_2 & 0 & a_2 s_2 \\ 0 & 0 & 1 & 0 \\ 0 & 0 & 0 & 1 \end{bmatrix} \tag{1-2}$$

$$\boldsymbol{T}_{23} = \boldsymbol{A}_{23} = \begin{bmatrix} c_3 & -s_3 & 0 & a_3 c_3 \\ s_3 & c_3 & 0 & a_3 s_3 \\ 0 & 0 & 1 & 0 \\ 0 & 0 & 0 & 1 \end{bmatrix} \tag{1-3}$$

$$T_{34} = A_{34} = \begin{bmatrix} c_{23} & -s_{23} & 0 & 0 \\ s_2 & c_2 & 0 & 0 \\ 0 & 0 & 1 & 0 \\ 0 & 0 & 0 & 1 \end{bmatrix} \tag{1-4}$$

则 Dobot 魔术师机器人末端执行器的期望位姿可以表示为

$$T_{04} = T_{01}T_{12}T_{23}T_{34} = \begin{bmatrix} n_x & o_x & a_x & p_x \\ n_y & o_y & a_y & p_y \\ n_z & o_z & a_z & p_z \\ 0 & 0 & 0 & 1 \end{bmatrix} = \begin{bmatrix} c_1 & 0 & -s_1 & c_1(a_3c_{23}+a_2c_2) \\ s_1 & 0 & c_1 & s_1(a_3c_{23}+a_2c_2) \\ 0 & -1 & 0 & d_1-a_2s_2-a_3s_{23} \\ 0 & 0 & 0 & 1 \end{bmatrix} \tag{1-5}$$

（2）逆运动学　对于通用的 n 自由度开链式机器人来说，若将它的正向运动学写成 $T(\theta)$，$\theta \in \mathrm{R}^n$ 的形式，那么它的逆运动学问题就可以描述成：给定齐次变换矩阵 $X \in SE(3)$，找出满足 $T(\theta) \in X$ 的关节角 θ。

对于 Dobot 魔术师机器人，给定期望的位姿，可得各个关节的运动角度分别为

$$\theta_1 = \arctan(p_y/p_x)$$

$$\theta_2 = -\arccos\left[\frac{p_x^2+p_y^2+(d_1-p_z)^2+a_2^2-a_3^2}{2a_2\sqrt{p_x^2+p_y^2+(d_1-p_z)^2}}\right] + \arctan\left[\frac{d_1-p_z}{\sqrt{p_x^2+p_y^2}}\right]$$

$$\theta_3 = \arccos\left[\frac{p_x^2+p_y^2+(d_1-p_z)^2-a_2^2+a_3^2}{2a_3\sqrt{p_x^2+p_y^2+(d_1-p_z)^2}}\right] + \arctan\left[\frac{d_1-p_z}{\sqrt{p_x^2+p_y^2}}\right] - \theta_2 \tag{1-6}$$

$$\theta_4 = -(\theta_2+\theta_3)$$

然而在某些环境下，关节解存在着多解、无解及唯一解的情况。解是否存在取决于机械臂的工作空间。工作空间是机械臂末端执行器所能够到达的范围，若解存在，则目标点必须存在于工作空间内。

工作空间有以下两种定义：灵巧工作空间（Dexterous Workspace）和可达工作空间（Reachable Workspace）。灵巧工作空间指机器人的末端执行器能够从各个方向到达的空间区域，即机器人末端执行器能够从任意方向到达灵巧工作空间的每一个点。可达工作空间是机器人至少有一个方位可以达到的空间。

对于图 1-9 所示的机械臂，若 $L_1 = L_2$，则该二轴机械臂的工作空间为半径为 $2L_1$ 的圆。若 $L_1 \neq L_2$，则可达工作空间为外径 L_1+L_2，内径 $|L_1-L_2|$ 的圆环，在可达工作空间的内部存

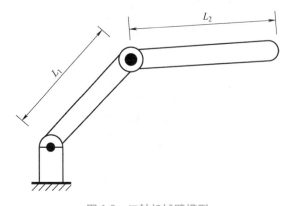

图 1-9　二轴机械臂模型

在两种可能方位，而在边界上则只存在一种解。

如图 1-10 所示，一个 3 自由度的机械臂在空间中某一点处存在两组不同的关节角度使得机械臂能够运动至此处。然而机械臂运动系统只能选取一组解，因此机械臂的多重解现象存在着一些问题。

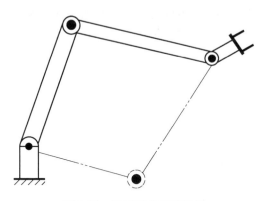

图 1-10　机械臂多重解现象

机械臂选取解的标准通常为"最短行程"解，即使得机械臂的每一个关节的移动量最小。如图 1-11 所示，若机械臂初始状态位于 A 点处，要将其运动至 B 点，在不存在障碍物的情况下，能够选择图上方虚线的位形，利用相关算法能够选择对应的关节空间内的最短行程解。然而相对于"最短行程解"而言，若存在一个 6 自由度的机械臂含有 3 个大连杆与 3 个小连杆，则在求解"最短行程解"时需要对其进行加权，从而使得解的选择侧重于移动小连杆而不是大连杆。在特殊情况下，如机械臂运动过程中存在障碍物使得"最短行程解"可能发生碰撞，此时只能选择"较长行程解"，为此一般需要求解出所有可能的解。因此，在图 1-11 中意味着机械臂要选择下方双点画线所示位形才能够运动至 B 点。

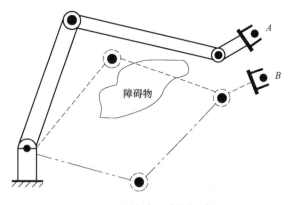

图 1-11　机械臂运动多解情况

1.6.2　DashGO D1 智能移动平台简介

DashGO D1 智能移动平台是深圳越登智能技术有限公司研制的一款科教级移动平台。移动平台外观如图 1-12 所示。读者可以在其官网（https://edu.eaibot.cn/）了解关于 DashGO D1 智能移动平台的更多信息。

为便于本书第 6~8 章的项目开展，本节对 DashGO D1 智能移动平台进行两轮差速移动机器人的运动学模型分析。DashGO D1 智能移动平台为具有 4 个轮子结构的轮式移动机器人，包含两个辅助轮与两个驱动轮。其中，辅助轮为万向轮，它起到了支承车体和导向的作用；两个驱动轮分别由两个独立的直流有刷电动机来提供动力进行驱动。可以通过控制两个驱动轮的转向和转速来控制机器人的方向与速度，从而实现两轮差速移动机器人各种运动形式的控制。这种方式结构简单，定位精度较高。差速转向式四轮车底盘结构如图 1-13 所示。

图 1-12　DashGO D1 智能移动平台外观

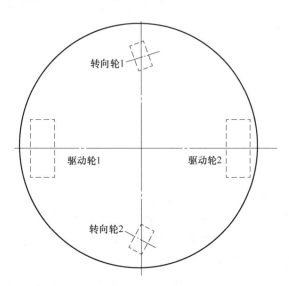

图 1-13　DashGO D1 机器人底盘结构

在了解了 DashGO D1 机器人移动底盘的基本结构后，再来了解差速转向式四轮车的运动模型，认识 DashGO D1 机器人如何实现运动转向及纠偏。DashGO D1 机器人移动底盘运动状态及纠偏示意图如图 1-14 所示。

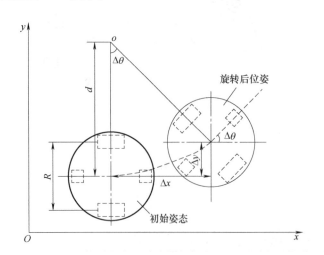

图 1-14　DashGO D1 机器人移动底盘运动状态及纠偏示意图

图 1-14 中粗实线表示 DashGO D1 机器人的运动初始姿态，经过 Δt，以 o 为旋转中心旋

转角度 $\Delta\theta$ 后到达旋转后位姿。其中，移动底盘的左轮运动速度为 v_1，右轮的移动速度为 v_r，从 o 到底盘中心的距离为 d，左右轮中心点的距离为 R。由此可得

$$d = \frac{R}{2}\frac{v_1 + v_r}{v_r - v_1} \tag{1-7}$$

通过周长公式代入 $\Delta\theta$ 与 Δt，得

$$d\Delta\theta = \frac{v_1 + v_r}{2}\Delta t \tag{1-8}$$

由式（1-8）可得 DashGO D1 运动偏移弧度 $\Delta\theta$、左右轮的速度与 R 的关系式为

$$\Delta\theta = \frac{v_r - v_1}{R}\Delta t \tag{1-9}$$

当 DashGO D1 底盘做圆周运动时，在 x 轴上的距离分量为 Δx，在 y 轴上的距离分量为 Δy，由式（1-9）可得 Δx、Δy 与长度 d 之间的关系式为

$$\Delta x = d\sin\Delta\theta \tag{1-10}$$

$$\Delta y = d(1 - \cos\Delta\theta) \tag{1-11}$$

将式（1-7）代入式（1-10）与式（1-11）中，可得左右轮移动速度与 Δx、Δy 的关系式为

$$\Delta x = \frac{R}{2}\frac{v_1 + v_r}{v_r - v_1}\sin\Delta\theta \tag{1-12}$$

$$\Delta y = \frac{R}{2}\frac{v_1 + v_r}{v_r - v_1}(1 - \cos\Delta\theta) \tag{1-13}$$

所以，通过改变 v_1 和 v_r 可以实现 Dash DO D1 机器人移动底盘的纠偏、转向等运动控制和驱动轮的变速控制。

1.7 本书使用的 AI 开发平台简介

AI（Artificial Intelligence，人工智能）是研究、开发用于模拟、延伸和扩展人的智能的理论、方法、技术及应用系统的一门新的技术科学。AI 领域的热点研究对象包括机器人、语言识别、图像识别、自然语言处理等。

EasyDL（Easy Deep Learning）是基于飞桨开源深度学习平台，面向企业 AI 应用开发者，提供零门槛 AI 开发的平台。简单来说，它是一个零门槛 AI 开发平台，其作用是让没有 AI 开发经验的人（不仅是程序员）和有 AI 开发经验但希望更轻松使用 AI 能力的人，都可以便捷地使用这个平台，开发出自己需要的 AI 应用。EasyDL 提供一站式的智能标注、模型训练、服务部署等全流程功能，内置丰富的预训练模型，支持公有云、设备端、私有服务器、软硬一体方案等灵活的部署方式。读者可以在 EasyDL 零门槛 AI 开发平台的官网（https://ai.baidu.com/easydl/）了解关于 EasyDL 平台的更多信息。

1.7.1 EasyDL 平台技术方向与模型类型简介

EasyDL 支持 6 个技术方向，每个方向包括不同的模型类型，见表 1-2。

表 1-2　EasyDL 的技术方向与模型类型

技术方向	模型类型
EasyDL 图像	图像分类、物体检测、图像分割
EasyDL 文本	文本分类-单标签、文本分类-多标签、文本实体抽取、情感倾向分析、短文本相似度
EasyDL 语音	语音识别、声音分类
EasyDL OCR	文字识别
EasyDL 视频	视频分类、目标跟踪
EasyDL 结构化数据	表格预测

1.7.2　EasyDL 模型效果评价指标简介

EasyDL 模型效果的各种评价指标见表 1-3。

表 1-3　EasyDL 模型效果的各种评价指标

指标	含义
准确率	图像分类、文本分类、声音分类等分类模型的衡量指标，正确分类的样本数与总样本数之比，越接近 1 模型效果越好
F1-Score	对某类别而言，该指标为精确率和召回率的调和平均数；对图像分类、文本分类、声音分类等分类模型来说，该指标越高，效果越好
精确率（Precision）	对某类别而言，为正确预测，该指标为该类别的样本数与预测为该类别的总样本数之比
召回率（Recall）	对某类别而言，为正确预测，该指标为该类别的样本数与该类别的总样本数之比
top1~top5	在查看图像分类、文本分类、声音分类、视频分类模型评估报告中，top1~top5 指的是针对一个数据进行识别时，模型会给出多个结果，top1 为置信度最高的结果，top2 次之，…正常业务场景中，通常会采信置信度最高的识别结果，重点关注 top1 的结果即可
mAP	mAP（mean Average Precision）是物体检测（Object Detection）算法中衡量算法效果的指标。对于物体检测任务，每一类 Object 都可以计算出其精确率（Precision）和召回率（Recall），在不同阈值下多次计算和试验，每个类都可以得到一条 P-R 曲线，曲线下的面积就是 average
阈值	物体检测模型会存在一个可调节的阈值，是正确结果的判定标准，例如阈值是 0.6，置信度大于 0.6 的识别结果会被当作正确结果返回。每个物体检测模型训练完毕后，可以在模型评估报告中查看推荐阈值，在推荐阈值下 F1-Score 的值最高

1.7.3　EasyDL 模型的部署方式

EasyDL 提供了灵活的模型部署方式，见表 1-4。

表 1-4　EasyDL 的模型部署方式

模型部署方式	调用方法
公有云 API（应用程序编程）	模型部署为 Restful API，可以通过 HTTP 请求的方式进行调用
设备端 SDK	模型部署为设备端 SDK，可集成在前端智能计算硬件设备中，可完全在无网环境下工作，所有数据皆在设备本地运行处理。目前支持 iOS、Android、Windows、Linux 四种操作系统及多款主流智能计算硬件

（续）

模型部署方式	调用方法
本地服务器部署	模型部署为本地服务器部署，可获得基于定制 EasyDL 模型封装而成的本地化部署的方案，此软件包部署在开发者本地的服务器上运行，能够得到与在线 API 功能完全相同的接口
软硬一体方案	目前 EasyDL 支持两款软硬一体硬件，包括 EasyDL-EdgeBoard 软硬一体方案和 EasyDL-十目计算卡。通过在 AI 市场购买，可获得硬件+专项适配硬件的设备端 SDK，支持在硬件中离线计算

1.8　课后习题

1. 结合 1.1~1.4 节，谈谈什么是机器人。
2. 思考机器人专业与传统理工专业（如数学、物理、机械、计算机等）的区别。
3. DashGO D1 移动平台硬件层主要由哪些模块组成？

第 2 章

Linux 操作系统安装与基本操作

本书全部的代码编写、工具包安装等软件层面的操作都是基于 Ubuntu 18.04 系统的。Ubuntu 是一个以桌面应用为主的 Linux 操作系统，其名称来自非洲南部祖鲁语或豪萨语的"ubuntu"一词，意思是"人性""我的存在是因为大家的存在"，是一种非洲传统的价值观。从前人们认为 Linux 难以安装和使用，但是在 Ubuntu 出现后这些都成了历史。Ubuntu 拥有庞大的社区力量，用户可以方便地从社区获得帮助。

Ubuntu 的安装通常采用两种方式：虚拟机环境安装和双系统安装（或称为独立安装）。读者可以根据自己的需求选择其中一种安装方式，并参考本书提供的视频进行安装。

2.1　虚拟机安装 Ubuntu 18.04

2.1.1　安装 VMware 虚拟机

1）下载安装包。

下载地址：https://www.vmware.com/cn/products/workstation-pro/workstation-pro-evaluation.html

打开网址后选择下载 Windows 系统下的 VMware Workstation 16 Pro，若出现网页打不开的情况，多刷新几次即可。

2）下载完成后，双击下载的 .exe 文件，安装 VMware。

3）修改路径，建议安装位置不要放在 C 盘。

4）建议修改用户体验设置，取消勾选启动时检查产品更新和加入 VMware 客户体验提升计划。

5）单击安装。

6）更改虚拟机的默认位置（"编辑"→"首选项"→"工作区"→"虚拟机的默认位置"），不推荐放到 C 盘。

2.1.2　安装 Ubuntu 系统

1）"打开虚拟机"→"文件"→"新建虚拟机"，或者直接单击主页的"创建新的虚拟机"。

2）选择"自定义高级"，选择"虚拟机硬件兼容性"，默认即可。

3）选择"稍后安装操作系统"。

4）虚拟机命名并存储。

5）自定义虚拟机配置，处理器按需配置，内存按需配置，但最大要比电脑内存低 2G。

6）网络类型选择使用网络地址转换（Network Address Translation，NAT）。

7）I/O 控制器选择默认，硬盘类型选择默认。

8）选择磁盘。选择"创建新虚拟磁盘"。

9）硬盘容量按需分配，此处选择 100G。

10）自定义硬件配置完成后，单击"完成"创建虚拟机。

11）创建虚拟机后，单击"编辑虚拟机设置"，选择"CD/DVD"，选择"使用 ISO 映像文件",文件选择刚刚下载好的 Ubuntu 18.04 的镜像,然后单击"确定"。

12)开启此虚拟机。

13)选择 Install Ubuntu(安装 Ubuntu)。

14)选择语言"中文(简体)",单击"继续"后选择键盘布局 Chinese。

15)更新和其他软件:选择"正常安装"。

16)安装类型:选择"其他选项"(可以自己调整分区)。

17)调整分区。

用于存放 Ubuntu 系统的磁盘最小为 30G。

第一个分区:挂载点为/boot(新分区的类型为"主分区",用于"Ext4 日志文件系统")。

作用:启动目录,开机启动所需目录。Linux 的内核及引导系统程序所需要的文件,如 vmlinuz initrd.img 文件都位于这个目录中。在一般情况下,GRUB 或 LILO 系统引导管理器也位于这个目录。其大小一般在 200M~2G,最好不要低于 200M。

第二个分区:swap(新分区的类型为"逻辑分区",用于"交换空间")

作用:虚拟内存,大小与计算机内存相同,用于演示的计算机内存为 16G,因此这里选为 16G。

第三个分区:挂载点为/(新分区的类型为"主分区"用于"Ext4 日志文件系统")。

作用:安装系统和软件,相当于 Windows 的 C 盘,里面包含用户工作目录/home,大小为前面分区后的剩余部分。

调整分区步骤如图 2-1 所示,首先单击"空闲",然后单击"+",再选择分区的类型或者选择挂载点,输入分区的大小,最后单击 OK。

图 2-1 调整分区步骤

18)安装启动引导器的设备。选择刚刚调整的分区的第一个分区,即/boot 所在的设备号,也可以选择安装 Ubuntu 的磁盘,这里选择/dev/sda1。

19)选择时区为 Shanghai,单击继续开始安装。

20)填写信息。建议记住密码,因为密码经常用到。

21）等待安装，此过程需要十几分钟。

22）单击"立即重启"。

2.1.3　安装 VMware tools

VMware 虚拟机中只有安装了 VMware Tools，才能实现主机与虚拟机之间的文件共享，同时可支持自由拖拽的功能。鼠标也可在虚拟机与主机之间自由移动（不用再按<Ctrl+Alt>键），且虚拟机屏幕也可实现全屏化，使用户有更好的显示界面。

1）在 Ubuntu 安装完成后，可以单击页面底部的"安装 VMware Tools"，也可以单击虚拟机顶部工具栏的"虚拟机"→"安装 VMware Tools"，桌面会出现 VMware Tools 镜像。

2）双击桌面的 VMware Tools，复制 VMware Tools-10. 3. 23-16594550. tar. gz 到一个位置（这里复制到下载）。

3）右击 VMware Tools-10. 3. 23-16594550. tar. gz，单击"提取到此处"，也可以用 tar 命令解压（tar -xvf ~/下载/VMware Tools-10. 3. 23-16594550. tar. gz ~/下载）。

4）先进入 VMware Tools-10. 3. 23-16594550 文件夹，再进入 vmware-tools-distrib 文件夹，然后右击空白处选择"在终端打开"。

5）在终端输入下列安装命令，完成安装。

```
sudo ./vmware-install.pl
```

当终端中出现 Enjoy 时，表示安装成功（注意：安装时提示后面有［yes］或［no］时，输入 y，然后按<enter>键，否则直接按<enter>键）。

2.2　双系统安装 Ubuntu 18. 04

2.2.1　安装准备

1）准备一个空白 U 盘，容量在 8G 或 8G 以上，用于制作启动盘。

2）下载 Ubuntu 18. 04 镜像源。进入网站 https：//mirrors. tuna. tsinghua. edu. cn/，搜索 Ubuntu，单击 ubuntu-release 进入，选择需要安装的版本，这里选择 18. 04. 6，再单击桌面版的镜像文件 ubuntu-18. 04. 6-desktop-amd64. iso。

3）安装 UltraISO。

① 进入网站 https：//cn. ultraiso. net/。

② 单击"下载"→"免费下载试用"，下载后进行应用程序安装。

③ 一路单击"下一步"，完成 UltraISO 安装（建议安装位置不要放在 C 盘）。

4）制作启动盘。

① 打开 UltraISO，插入 U 盘，单击"文件"→"打开"，找到下载的镜像文件。

② 单击"启动",选择"写入硬盘映像"。

③ 选择 U 盘（一般插上 U 盘会自动识别，不用手动选择，但是注意 U 盘将会被格式化，如果有重要文件先进行备份），选择好 U 盘后直接单击"写入"即可，其他选项默认，单击"格式化"。

5）准备 30G 以上的未分配磁盘空间。

右击"此电脑"→"管理"→"磁盘管理"，右击需要压缩的磁盘并单击"压缩卷"，然后输入压缩空间量确定分配的磁盘大小（至少 30G），这里选择 100G，单击"压缩"。

2.2.2　安装 Ubuntu 系统

1）插入制作好的启动盘。

2）进入 Boot Manager 模式（不同计算机品牌进入快捷键可能不同，可以根据计算机品牌上网搜索），选择 U 盘启动盘启动（一个是 Win，另一个为启动盘）。

3）选择 Install Ubuntu，后续安装步骤与虚拟机安装 Ubuntu 基本一致，这里不再赘述，可参考 2.1.2 节 14）~21）。

4）单击"立即重启"，看到提示后，拔掉 U 盘，按<enter>键，进入 Ubuntu 系统。

2.3　安装 Ubuntu 后进行的常用操作

1. 更换源

单击左下角九宫格选择"软件和更新"，"把"下载自"改成其它站点，单击"选择最佳服务器"，测试完成后单击"选择服务器"，然后输入密码、关闭，在弹出的窗口中单击"重新载入"。更换源过程如图 2-2 所示。

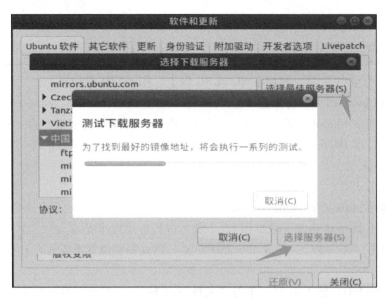

图 2-2　更换源过程

2. 更新

（1）更新源　在 Ubuntu 系统中按快捷键<Ctrl+Alt+T>，打开终端。在终端输入命令：

```
sudo apt-get update
```

更新源成功界面如图 2-3 所示。

```
获取:19 http://mirrors.ustc.edu.cn/ubuntu focal-security/restricted amd64 Packag
es [1,207 kB]
获取:20 http://mirrors.ustc.edu.cn/ubuntu focal-security/restricted Translation-
en [171 kB]
获取:21 http://mirrors.ustc.edu.cn/ubuntu focal-security/universe amd64 DEP-11 M
etadata [77.6 kB]
获取:22 http://mirrors.ustc.edu.cn/ubuntu focal-security/multiverse amd64 DEP-11
 Metadata [2,464 B]
已下载 8,555 kB，耗时 3秒 (2,859 kB/s)
正在读取软件包列表... 完成
```

图 2-3　更新源

（2）修复损坏的软件包　在终端输入命令：

```
sudo apt-get -f install
```

修复完成的界面如图 2-4 所示。

```
liahui@LMY:~$ sudo apt-get -f install
正在读取软件包列表... 完成
正在分析软件包的依赖关系树
正在读取状态信息... 完成
升级了 0 个软件包，新安装了 0 个软件包，要卸载 0 个软件包，有 1 个软件包未被升级
。
```

图 2-4　修复软件包

（3）更新软件　在终端输入命令：

```
sudo apt-get upgrade
```

更新过程中会提示：您希望继续执行吗？［Y/n］，输入 y 继续执行即可，更新软件成功界面如图 2-5 所示。

```
liahui@LMY:~$  sudo apt-get upgrade
正在读取软件包列表... 完成
正在分析软件包的依赖关系树
正在读取状态信息... 完成
正在计算更新... 完成
下列软件包将被升级:
  bolt
升级了 1 个软件包，新安装了 0 个软件包，要卸载 0 个软件包，有 0 个软件包未被升级
。
需要下载 143 kB 的归档。
解压缩后会消耗 37.9 kB 的额外空间。
您希望继续执行吗? [Y/n] y
获取:1 http://mirrors.ustc.edu.cn/ubuntu focal-updates/main amd64 bolt amd64 0.9
.1-2~ubuntu20.04.1 [143 kB]
已下载 143 kB，耗时 1秒 (97.0 kB/s)
(正在读取数据库 ... 系统当前共安装有 282710 个文件和目录。)
准备解压 .../bolt_0.9.1-2~ubuntu20.04.1_amd64.deb  ...
正在解压 bolt (0.9.1-2~ubuntu20.04.1) 并覆盖 (0.8-4ubuntu1) ...
正在设置 bolt (0.9.1-2~ubuntu20.04.1) ...
bolt.service is a disabled or a static unit not running, not starting it.
正在处理用于 dbus (1.12.16-2ubuntu2.2) 的触发器 ...
正在处理用于 man-db (2.9.1-1) 的触发器 ...
```

图 2-5　更新软件

3. 安装 vim 文本编辑器

终端运行以下安装命令：

```
sudo apt install vim
```

安装成功界面如图 2-6 所示。

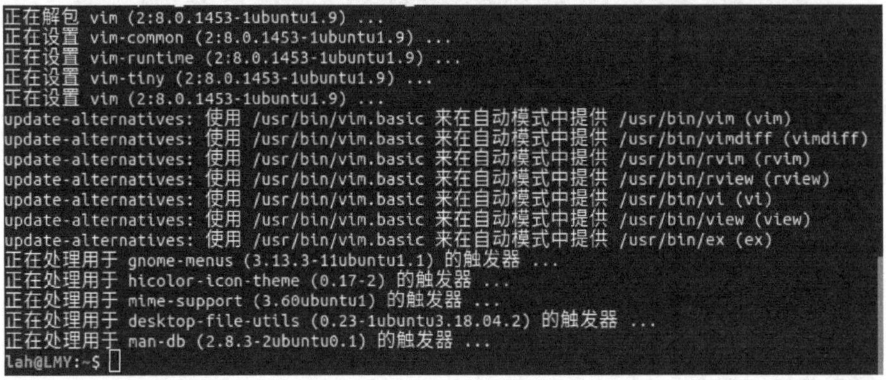

```
正在解包 vim (2:8.0.1453-1ubuntu1.9) ...
正在设置 vim-common (2:8.0.1453-1ubuntu1.9) ...
正在设置 vim-runtime (2:8.0.1453-1ubuntu1.9) ...
正在设置 vim-tiny (2:8.0.1453-1ubuntu1.9) ...
正在设置 vim (2:8.0.1453-1ubuntu1.9) ...
update-alternatives: 使用 /usr/bin/vim.basic 来在自动模式中提供 /usr/bin/vim (vim)
update-alternatives: 使用 /usr/bin/vim.basic 来在自动模式中提供 /usr/bin/vimdiff (vimdiff)
update-alternatives: 使用 /usr/bin/vim.basic 来在自动模式中提供 /usr/bin/rvim (rvim)
update-alternatives: 使用 /usr/bin/vim.basic 来在自动模式中提供 /usr/bin/rview (rview)
update-alternatives: 使用 /usr/bin/vim.basic 来在自动模式中提供 /usr/bin/vi (vi)
update-alternatives: 使用 /usr/bin/vim.basic 来在自动模式中提供 /usr/bin/view (view)
update-alternatives: 使用 /usr/bin/vim.basic 来在自动模式中提供 /usr/bin/ex (ex)
正在处理用于 gnome-menus (3.13.3-11ubuntu1.1) 的触发器 ...
正在处理用于 hicolor-icon-theme (0.17-2) 的触发器 ...
正在处理用于 mime-support (3.60ubuntu1) 的触发器 ...
正在处理用于 desktop-file-utils (0.23-1ubuntu3.18.04.2) 的触发器 ...
正在处理用于 man-db (2.8.3-2ubuntu0.1) 的触发器 ...
lah@LMY:~$
```

图 2-6　安装 vim 文本编辑器

若要卸载 vim，则运行以下卸载命令：

```
sudo apt remove vim
```

卸载成功界面如图 2-7 所示。

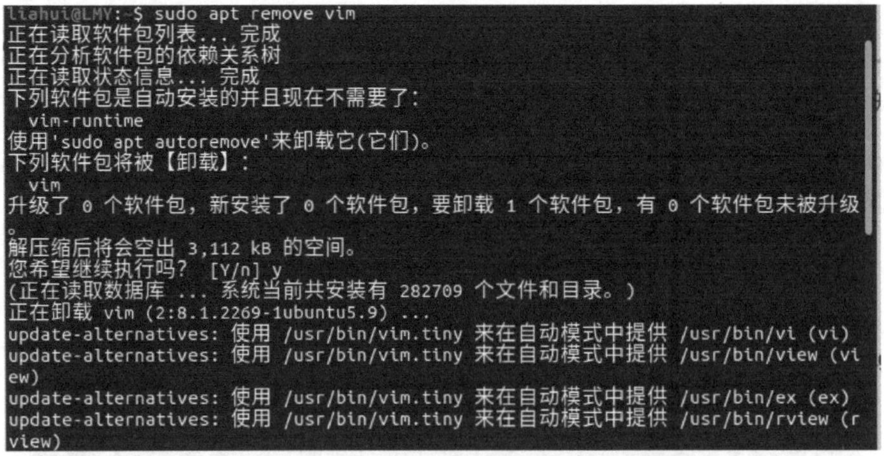

```
liahui@LMY:~$ sudo apt remove vim
正在读取软件包列表... 完成
正在分析软件包的依赖关系树
正在读取状态信息... 完成
下列软件包是自动安装的并且现在不需要了：
  vim-runtime
使用'sudo apt autoremove'来卸载它(它们)。
下列软件包将被【卸载】：
  vim
升级了 0 个软件包，新安装了 0 个软件包，要卸载 1 个软件包，有 0 个软件包未被升级
。
解压缩后将会空出 3,112 kB 的空间。
您希望继续执行吗？ [Y/n] y
(正在读取数据库 ... 系统当前共安装有 282709 个文件和目录。)
正在卸载 vim (2:8.1.2269-1ubuntu5.9) ...
update-alternatives: 使用 /usr/bin/vim.tiny 来在自动模式中提供 /usr/bin/vi (vi)
update-alternatives: 使用 /usr/bin/vim.tiny 来在自动模式中提供 /usr/bin/view (vi
ew)
update-alternatives: 使用 /usr/bin/vim.tiny 来在自动模式中提供 /usr/bin/ex (ex)
update-alternatives: 使用 /usr/bin/vim.tiny 来在自动模式中提供 /usr/bin/rview (r
view)
```

图 2-7　卸载 vim 文本编辑器

4. 安装中文输入法

如果在安装 Ubuntu 时语言没有选择中文，或者安装完成后不能输入中文，只有英文输入法，可安装中文输入法。

先给 Ubuntu 安装中文语言包。依次单击 Setting（设置）→Region & Language（区域和语言）→Manage Install Languages（管理已安装的语言）→Install/Remove Languages（安装/删除语言），勾选 Chinese（simplified），单击 Apply（应用），安装中文语言包过程如图 2-8 所示。

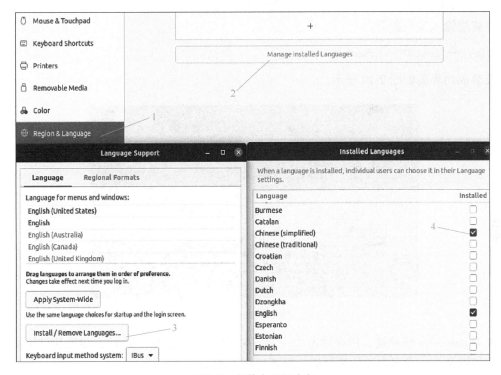

图 2-8　安装中文语言包

智能拼音安装过程如图 2-9 所示。单击图 2-8 中 2 处的 "+"，在弹出的窗口中选择 Chinese→Chinese（Intelligent Pinyin）→Add。

图 2-9　安装智能拼音

安装完成后在桌面右上角把 English 换成汉语（Intelligent Pinyin），单击 shift 就可以实现中英文切换。

5. 安装 flameshot

flameshot 是一个完全开源的软件，可以对截图进行加箭头、方框、文字等操作，快捷方便（如果用的是虚拟机可以不安装，直接用微信或 QQ 截图）。

在终端输入安装命令：

```
sudo apt install flameshot
```

安装成功界面如图 2-10 所示。

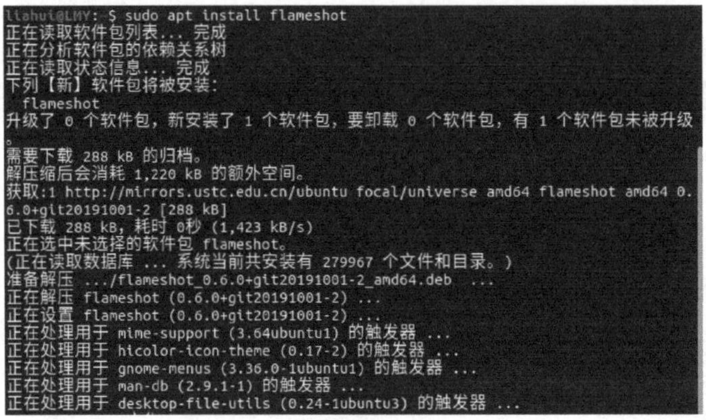

图 2-10　安装 flameshot

配置 flameshot 快捷键，依次单击"设置"→"设备"→"键盘"→"+"，设置快捷键名称并输入快捷键命令，设置需要的快捷键，配置过程如图 2-11 所示。

图 2-11　新建快捷键

配置立即截图快捷键如图 2-12 所示。

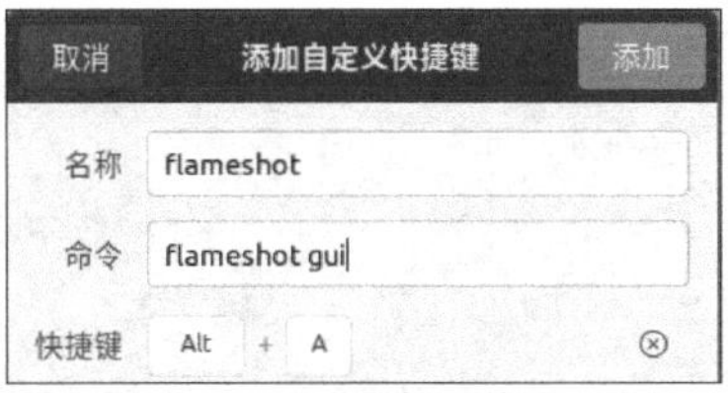

图 2-12　立即截图

配置延时 3s 截图快捷键如图 2-13 所示。

图 2-13　延时截图

如果快捷键不起作用，可以在配置快捷键的命令框内加上其存放的地址，存放的地址可以通过 which 软件名查询。例如查询本软件存放地址，可以在终端输入命令：

```
which flameshot
```

查找结果界面如图 2-14 所示。

图 2-14　查询软件存放地址

所以，配置快捷键的命令框内需要把 flameshot gui 改为/usr/bin/flameshot gui，如图 2-15 所示。

图 2-15　配置快捷键

若要卸载 flameshot，可在终端输入卸载命令：

```
sudo apt remove flameshot
```

卸载成功界面如图 2-16 所示。

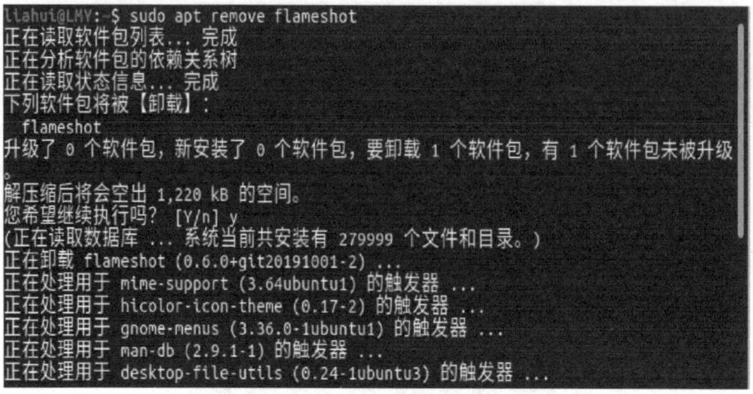

```
liahui@LMY:~$ sudo apt remove flameshot
正在读取软件包列表... 完成
正在分析软件包的依赖关系树
正在读取状态信息... 完成
下列软件包将被【卸载】:
  flameshot
升级了 0 个软件包，新安装了 0 个软件包，要卸载 1 个软件包，有 1 个软件包未被升级
。
解压缩后将会空出 1,220 kB 的空间。
您希望继续执行吗？ [Y/n] y
(正在读取数据库 ... 系统当前共安装有 279999 个文件和目录。)
正在卸载 flameshot (0.6.0+git20191001-2) ...
正在处理用于 mime-support (3.64ubuntu1) 的触发器 ...
正在处理用于 hicolor-icon-theme (0.17-2) 的触发器 ...
正在处理用于 gnome-menus (3.36.0-1ubuntu1) 的触发器 ...
正在处理用于 man-db (2.9.1-1) 的触发器 ...
正在处理用于 desktop-file-utils (0.24-1ubuntu3) 的触发器 ...
```

图 2-16　卸载 flameshot

6. 安装未发现的命令

当使用 Ubuntu 终端输入命令时，如果没有安装这些命令，可以根据提示安装这些命令。

例如：使用 catkin_make（catkin_make 是在 catkin 工作区中构建代码的便捷工具，catkin_make 遵循 catkin 工作区的标准布局，常在编译工作空间时使用）来编译工作空间时出现如图 2-17 所示的错误。

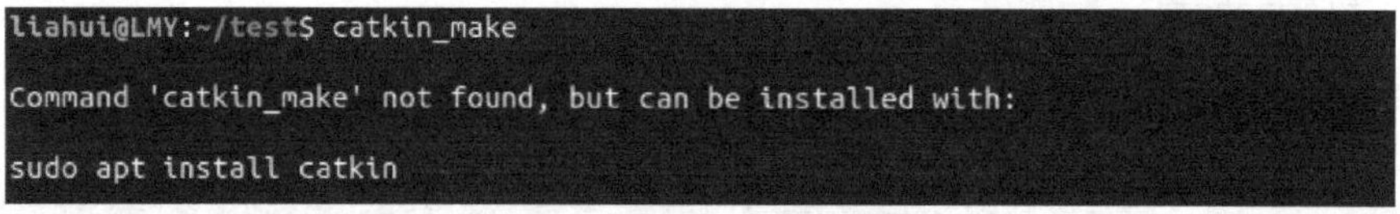

```
liahui@LMY:~/test$ catkin_make

Command 'catkin_make' not found, but can be installed with:

sudo apt install catkin
```

图 2-17　未找到命令

这时需要在终端输入安装命令：

```
sudo apt install catkin
```

安装成功界面如图 2-18 所示。

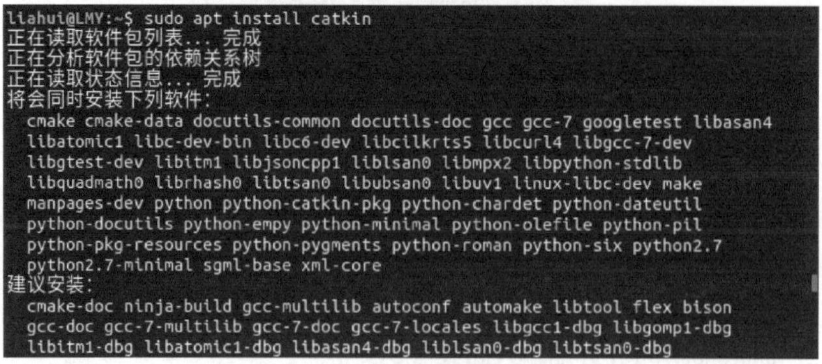

```
liahui@LMY:~$ sudo apt install catkin
正在读取软件包列表... 完成
正在分析软件包的依赖关系树
正在读取状态信息... 完成
将会同时安装下列软件:
  cmake cmake-data docutils-common docutils-doc gcc gcc-7 googletest libasan4
  libatomic1 libc-dev-bin libc6-dev libcilkrts5 libcurl4 libgcc-7-dev
  libgtest-dev libitm1 libjsoncpp1 liblsan0 libmpx2 libpython-stdlib
  libquadmath0 librhash0 libtsan0 libubsan0 libuv1 linux-libc-dev make
  manpages-dev python python-catkin-pkg python-chardet python-dateutil
  python-docutils python-empy python-minimal python-olefile python-pil
  python-pkg-resources python-pygments python-roman python-six python2.7
  python2.7-minimal sgml-base xml-core
建议安装:
  cmake-doc ninja-build gcc-multilib autoconf automake libtool flex bison
  gcc-doc gcc-7-multilib gcc-7-doc gcc-7-locales libgcc1-dbg libgomp1-dbg
  libitm1-dbg libatomic1-dbg libasan4-dbg liblsan0-dbg libtsan0-dbg
```

图 2-18　安装 catkin 命令

7. 解决右键不能新建文本文档的问题

依次单击“文件”→“主目录”→“模板”，在空白处单击鼠标右键，选择“在终端中打开”，如图 2-19 所示。在终端中输入以下命令新建一个文本文档。

```
sudo gedit 新建文本文档.txt
```

活动
文件
9月27日
主文件夹
模板
最近使用
收藏
主目录
桌面
视频
图片
文档
下载
音乐
回收站
+ 其他位置
将文件放入此文件夹并用作新文档的模板。
获取详情……
新建文件夹(F)
Shift+Ctrl+N
粘贴(P)
全选(A)
Ctrl+A
属性(R)
在终端打开(E)
还原丢失的文件…
1
2
3
4

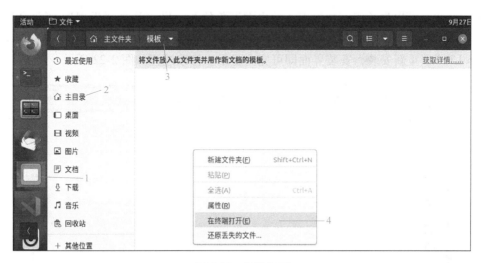

图 2-19　终端打开

输入新建文本文档命令后按<Enter>键，输入密码，单击“保存”，然后再单击鼠标右键就可以新建文本文档了，如图 2-20 所示。

liahui@LMY: ~/模板
liahui@LMY:~/模板$ sudo gedit 新建文本文档.txt
[sudo] liahui 的密码:
打开(O)
新建文本文档.txt
保存(S)
1
2
3

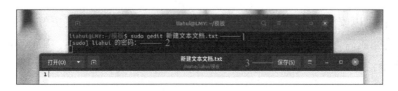

图 2-20　新建文本文档

如果在新建文本文档时出现未找到 gedit 命令，应首先检查命令有没有输错，如果没输错，则可能没安装 gedit。运行下列命令安装 gedit。

```
sudo apt install gedit
```

安装成功界面如图 2-21 所示。

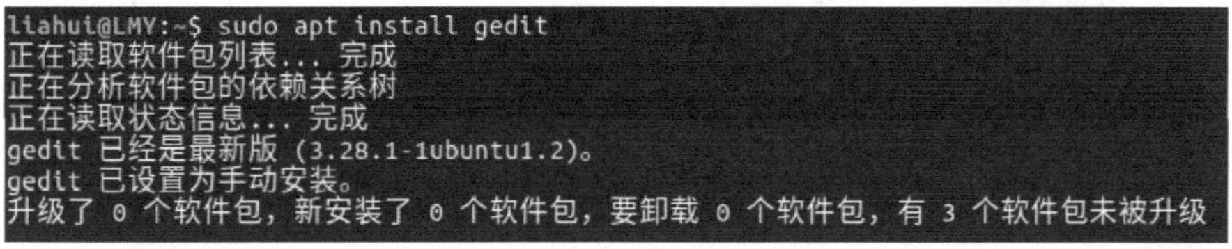

liahui@LMY:~$ sudo apt install gedit
正在读取软件包列表... 完成
正在分析软件包的依赖关系树
正在读取状态信息... 完成
gedit 已经是最新版 (3.28.1-1ubuntu1.2)。
gedit 已设置为手动安装。
升级了 0 个软件包，新安装了 0 个软件包，要卸载 0 个软件包，有 3 个软件包未被升级

图 2-21　安装 gedit 命令

2.4 系统安装过程中可能遇到的问题

1. 虚拟机安装 Ubuntu 时，安装界面显示不全

解决办法：可以先关闭安装界面，单击左下角的九宫格，单击"设置"→"设备"→"显示"→"分辨率"，将分辨率改为 1024×768（4∶3），然后单击 Ubuntu 桌面的"安装 Ubuntu 18.04.6 LTS"，重新安装，安装界面即可完全显示。修改过程如图 2-22 所示。

图 2-22　修改分辨率

2. Ubuntu 系统安装完成后显示界面太小，不自动适应屏幕大小

解决办法：可以安装 VMware Tools，因为 VMware Tools 可以提供更好的显示界面，VMware Tools 安装完成后 Ubuntu 界面会自动根据窗口调整显示界面大小，VMware Tools 安装过程参照 2.1.3 节。

3. 虚拟机安装 Ubuntu 后，每次开机桌面都出现 Ubuntu 18.04.6 LTS 的安装镜像

解决办法：可以先关闭虚拟机，然后单击"虚拟机设置"→CD/DVD（SATA），在设备状态中取消勾选"启动时连接"，如图 2-23 所示。

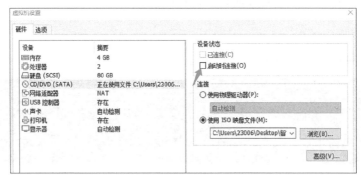

图 2-23　关闭启动时连接

4. 虚拟机安装 Ubuntu 系统后出现没有有线网的情况

解决办法：关闭 Ubuntu，单击"虚拟机设置"→"添加"→"网络适配器"→"完成"（添加过程见图 2-24）。单击"网络适配器 2"，选中"桥接模式"，勾选"复制物理网络连接状态"，单击确定（设置过程见图 2-25）。

图 2-24　添加网络适配器

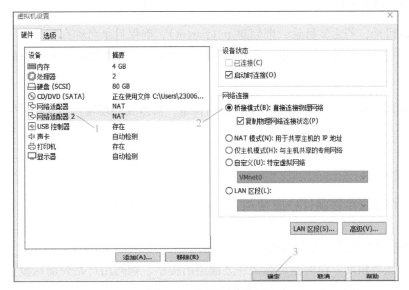

图 2-25　设置桥接模式

如果还有其他问题，请读者自行上网搜索解决的办法。

2.5　Linux 常用命令

Linux 系统中的命令非常多，本书仅列举部分常用的命令。

2.5.1　文件和目录类命令

1. ls：显示文件或目录

-l：列出文件详细信息（list）。

-a：列出当前目录下所有文件及目录，包括隐藏的（all）。

-h：易读的方式显示文件内存大小（单位显示为 MB、GB、…，默认显示 K），单独不可用。

例如，要以易读的方式显示文件大小，可以在终端输入以下命令：

```
ls -lh
```

终端显示结果为：

```
总用量 2.8M
drwxr-xr-x 2 liahui liahui 4.0K 7 月   24 17:27 公共的
drwxr-xr-x 2 liahui liahui 4.0K 8 月    1 09:02 模板
drwxr-xr-x 2 liahui liahui 4.0K 7 月   24 17:27 视频
-rwxrwxrwx 1 liahui liahui 1.7M 9 月   13 18:39 dashgo_ws.rar
```

2. mkdir：创建目录

-p：创建目录，若无父目录，则创建 p（parent），确保目录名称存在。

例如，要在 home 目录下创建一个名为 test 的目录，可以在终端输入以下命令：

```
mkdir ~/test
```

例如，使用-p 创建一个路径暂时不存在的目录，可以在终端输入以下命令：

```
mkdir -p test66/test07/test02/test99
```

3. cp：复制

-a：此选项通常在复制目录时使用，它保留链接、文件属性，并复制目录下的所有内容。

-f：覆盖已经存在的目标文件而不给出提示。

-i：与 -f 选项相反，在覆盖目标文件之前给出提示，询问用户是否确认覆盖，回答 y 时目标文件将被覆盖，输入 n 表示取消该操作。

-p：除复制文件的内容外，还把修改时间和访问权限也复制到新文件中。

-r：若给出的源文件是一个目录文件，此时将复制该目录下所有的子目录和文件。

-l：不复制文件，只是生成链接文件。

例如，要复制 dir1 . txt 到 dir2. txt，并保持文件的权限、属主和时间戳，可以在终端输入以下命令：

```
cp -p dir1.txt dir2.txt
```

复制 dir1 到 dir2，如果 dir2 存在，则会询问是否覆盖，可以在终端输入以下命令：

```
cp -i dir1.txt dir2.txt
```

终端显示结果为：

```
cp:是否覆盖'dir2.txt'?
```

4. cd：切换目录

例如，要切换到工作区间 catkin_ws 文件夹中，可以在终端输入以下命令：

```
cd catkin_ws
```

终端显示结果为：

```
catkin_ws $
```

5. mv：移动并重命名

-b：当目标文件或目录存在时，在执行覆盖前，会为其创建一个备份。

-i：如果指定移动的源目录或文件与目标的目录或文件同名，则会先询问是否覆盖旧文件，输入 y 表示直接覆盖，输入 n 表示取消该操作。

-f：与-i 相反，如果指定移动的源目录或文件与目标的目录或文件同名，则不会询问，直接覆盖旧文件。

-n：不要覆盖任何已存在的文件或目录。

-u：当源文件比目标文件新或者目标文件不存在时，才执行移动操作。

-v：会输出重命名的过程，当文件名中包含通配符时，这个选项会非常方便。

如果目标目录与原目录一致，且指定了新文件名，那么作用为仅重命名。例如，将 dir1. txt 重命名为 dir3. txt，可以在终端输入以下命令：

```
mv /home/liahui/dir1.txt /home/liahui/dir3.txt
```

如果目标目录与原目录不一致，且没有指定新文件名，那么作用为仅移动。例如，将 dir1. txt 移动到 test1 文件下，可以在终端输入以下命令：

```
mv /home/liahui/dir1.txt /home/liahui/test1/
```

将文件 file1 移动到 file2 中，且如果 file2 中 file1 存在，则提示是否覆盖，可以在终端输入以下命令：

```
mv -i file1 file2
```

终端显示结果为：

mv:是否覆盖'file2/file1'?

注意：如果使用-f 选项，则不会进行提示。

将 file1 移动到 file2 中，并将 file1 重命名为 file3，并输出重命名过程，可以在终端输入以下命令：

```
mv -v file1 file2/file3
```

终端显示结果为：

```
已重命名'file1'->'file2/file3'
```

6. rm：删除文件

-r：递归删除，可删除子目录及文件。

-f：强制删除，即使文件属性为只读，也直接删除。

-i：删除前逐一询问确认。

例如，删除文件 dir3.txt 前先确认是否要删除，可以在终端输入以下命令：

```
rm -i dir3.txt
```

终端显示结果为：

```
rm:是否删除普通空文件'dir3.txt'?
```

在文件名中使用 shell 的元字符会非常有用。

要删除所有 file 开头的文件前先打印文件名并进行确认，可以在终端输入以下命令：

```
rm -i file *
```

终端显示结果为：

```
rm:是否删除普通空文件'file'? y
rm:无法删除'file1'：是一个目录
rm:是否删除普通空文件'file11'? y
rm:是否删除普通空文件'file111'? y
```

递归删除文件夹下所有文件包括该文件夹，并询问，可以在终端输入以下命令：

```
rm -ir file2
```

终端显示结果为：

```
rm:是否进入目录'file2'? y
rm:是否进入目录'file2/file3'? y
rm:是否删除目录'file2/file3/file4'? y
rm:是否删除目录'file2/file3'? y
rm:是否删除目录'file2'? y
```

7. rmdir：删除空目录

删除一个叫作 test 的空目录，可以在终端输入以下命令：

```
rmdir test
```

8. pwd：显示当前目录

例如，要显示工作空间 dashgo_ws 的当前目录，可以在终端输入以下命令：

```
~/dashgo_ws $ pwd
```

终端显示结果为：

```
/home/liahui/dashgo_ws
```

9. ln：创建链接文件

-b 或--backup：删除，覆盖目标文件之前的备份。

-d 或-F 或--directory：建立目录的硬连接。

-f 或--force：强行建立文件或目录的连接，无论文件或目录是否存在。

-i 或--interactive：覆盖既有文件之前先询问用户。

-n 或--no-dereference：把符号连接的目标文件视为一般文件。

-s 或--symbolic：对源文件建立符号连接，建立的为软链接，而非硬连接。

-v 或--verbose：显示命令执行过程。

例如，要创建一个指向文件或目录的软链接，这里为创建一个指向 test 的软链接 lnk，test 失效，软连接也会失效，可以在终端输入以下命令：

```
ln -s test lnk
```

例如，要创建一个指向文件或目录的物理链接（硬链接），test 失效，lnk1 不会失效，可以在终端输入以下命令：

```
ln test lnk1
```

10. touch：修改文件或者目录的时间属性，包括存取时间和更改时间。若文件不存在，系统会建立一个新的文件

-a：改变档案的读取时间记录。

-m：改变档案的修改时间记录。

-c：假如目的档案不存在，不会建立新的档案，与--no-create 的效果相同。

例如，要创建一个文件 test，可以在终端输入以下命令：

```
touch test
```

修改文件的时间属性为当前系统时间，可以通过下面 3 条命令清晰的显示出来。

显示当前文件的时间属性，可以在终端输入以下命令：

```
ls -l dir1.txt
```

终端显示结果为：

```
-rw-rw-r-- 1 liahui liahui 11 9 月  20 17:20 dir1.txt
```

修改当前文件的时间属性，可以在终端输入以下命令：

```
touch dir1.txt
```

在终端中，再次输入显示当前文件的时间属性命令：

```
ls -l dir1.txt
```

终端显示结果为（可以看到文件的时间属性已经修改）：

```
-rw-rw-r-- 1 liahui liahui 11 9 月  20 20:54 dir1.txt
```

11. locate：定位文件

locate 命名可以显示某个指定文件（或一组文件）的路径，它会使用由 updatedb 创建的数据库。

例如要显示系统中所有包含 crontab 字符串的文件，可以在终端输入以下命令：

```
locate crontab
```

终端显示结果为：

```
/etc/anacrontab
/etc/crontab
/snap/core/13741/etc/crontab
/snap/core/13741/usr/bin/crontab
/snap/core/13741/usr/share/bash-completion/completions/crontab
/snap/core/13741/var/spool/cron/crontabs
/snap/core20/1611/usr/share/bash-completion/completions/crontab
/snap/core20/1623/usr/share/bash-completion/completions/crontab
/usr/bin/crontab
/usr/share/bash-completion/completions/crontab
/usr/share/doc/cron/examples/crontab2english.pl
```

12. whatis：显示命令描述信息

例如，要用 whatis 显示 ls 命令的描述信息，可以在终端输入以下命令：

```
whatis ls
```

终端显示结果为：

```
ls (1)       - list directory contents
```

用 whatis 显示 ifconfig 命令的描述信息，可以在终端输入以下命令：

```
whatis ifconfig
```

终端显示结果为：

```
ifconfig (8)       - configure a network interface
```

2.5.2　文本处理类命令

1. cat：查看文件内容

-n：命令可以在每行的前面加上行号。

可以一次查看多个文件的内容，例如，要先打印 lah 的内容，然后打印 lmy 的内容，可以在终端输入以下命令：

```
cat lah lmy
```

终端显示结果为：

```
0702
0526
```

要在查看文件内容时，在文件内容每行的前面加上行号，可以在终端输入以下命令：

```
cat -n lah
```

终端显示结果为：

```
1  0702
2  0526
3  1234
```

2. more、less：分页显示文本文件内容

例如，要查看一个长文件的内容，可以在终端输入以下命令：

```
more test
```

终端显示结果为：

```
1. more
2. less
3. more and less
4. administration
5. kindergarten
6. free of charge
```

3. head、tail：显示文件头、尾内容

例如，要查看一个 test 文件的前 3 行，可以在终端输入以下命令：

```
head -3 test
```

终端显示结果为：

```
1. more
2. less
3. more and less
```

4. find：在文件系统中搜索某文件

-name name，-iname name：文件名称符合 name 的文件，iname 会忽略大小写。

-ipath p，-path p：路径名称符合 p 的文件，ipath 会忽略大小写。

例如，要查找指定文件名的文件（不区分大小写），可以在终端输入以下命令：

```
find -iname ".vscode"
```

终端显示结果为：

```
./dashgo_ws/.vscode
./桌面/dashgo_ws/.vscode
./ros01_ws/.vscode
./ros02_ws/.vscode
./eaibot02/.vscode
./eaitest01/.vscode
./eaibot-teaching-use-master/eaibot_simulation/src/false/.vscode
```

5. grep：在文本文件中查找某个字符串

-i 或 --ignore-case：忽略字符大小写的差别。

-l 或 --file-with-matches：列出文件内容符合指定样式的文件名称。

-v 或 --invert-match：显示不包含匹配文本的所有行。

例如，要在文件 test 中查找字符串 and（不区分大小写），可以在终端输入以下命令：

```
grep -i "and" test
```

终端显示结果为：

```
3.more and less
```

6. sed：利用脚本的命令来处理、编辑一个或多个文本文件

-e<script>：以选项中指定的 script 来处理输入的文本文件。

数据的查找与替换格式：sed -e 's/旧的字符串/新的字符串/g'

例如，要将 testfile 文件中每行第一次出现的 ss 用字符串 SS 替换，不修改原文件，然后将该文件内容输出到标准输出（+g 表示全局查找替换，-e 换成-i 会修改原文件），可以在终端输入以下命令：

```
sed -e 's/ss/SS/' test
```

终端显示结果为：

```
1.more
2.leSS
3.more and less
4.administration
5.kindergarten
```

6. free of charge

7. vim：编辑文档

例如，要打开文件并跳到第 10 行，可以在终端输入以下命令：

```
vim +10 .bashrc
```

2.5.3　系统管理类命令

1. who：显示在线登录用户

显示在线登录用户，可以在终端输入以下命令：

```
who
```

终端显示结果为：

```
sy:0         2022-06-26 16:09 (:0)
```

2. uname：显示系统信息

-a：可以显示所有系统信息。

例如，要显示操作系统信息，可以在终端输入以下命令：

```
uname
```

终端显示结果为：

```
Linux
```

显示内核名称、主机名、内核版本号、处理器类型等信息，可以在终端输入以下命令：

```
uname -a
```

终端显示结果为：

```
Linux LMY 5.15.0-46-generic #49~20.04.1-Ubuntu SMP Thu Aug 4 19:15:44 UTC 2022 x86_
64 x86_64 x86_64 GNU/Linux
```

3. top：动态显示当前耗费资源最多进程信息

例如，要用 top 显示当前系统中占用资源最多的一些进程（默认以 CPU 占用率排序），可以在终端输入以下命令：

```
top
```

终端显示结果为：

```
top - 21:32:37 up  5:27,  1 user,  load average: 0.44,0.39,0.40
任务：276 total,  1 running,275 sleeping,  0 stopped,  0 zombie
```

```
%Cpu(s):0.2 us,0.1 sy,0.0 ni,99.6 id,0.0 wa,0.0 hi,0.0 si,0.0 st
MiB Mem : 7804.5 total,1349.1 free,2984.1 used,3471.2 buff/cache
MiB Swap: 9537.0 total,9537.0 free,0.0 used. 3820.6 avail Mem
```

4. ifconfig：查看网络情况

ifconfig 用于查看和配置 Linux 系统的网络接口。

例如，要查看所有网络接口及其状态，可以在终端输入以下命令：

```
ifconfig
```

终端显示结果为：

```
enp4s0: flags=4163<UP,BROADCAST,RUNNING,MULTICAST>  mtu 1500
    inet 192.168.31.32  netmask 255.255.255.0  broadcast 192.168.31.255
    inet6 fe80::12c8:ecdd:c57:f242  prefixlen 64  scopeid 0x20<link>
    ether 0c:9d:92:a4:2f:77  txqueuelen 1000  (以太网)
    RX packets 33033  bytes 2291490 (2.2 MB)
    RX errors 0  dropped 327  overruns 0  frame 0
    TX packets 106  bytes 12754 (12.7 KB)
    TX errors 0  dropped 0 overruns 0  carrier 0  collisions 0
```

使用 up 和 down 命令启动或停止某个接口，可以在终端输入以下命令：

```
ifconfig eth0 up
ifconfig eth0 down
```

5. ping：测试网络连通

要使用 ping 命令来测试与远程主机的网络连接状况，可以在终端输入以下命令：

```
ping 192.168.31.200
或
ping PS3B-D1
```

6. man：查看命令和程序的帮助文档

查看 vim 的帮助文档，可以在终端输入以下命令：

```
man vim
```

2.5.4 打包压缩类命令

1. gzip：压缩文件

压缩 file1 文件，可以在终端输入以下命令：

```
gzip file1
```

最大程度压缩 file1 文件，可以在终端输入以下命令：

```
gzip -9 file1
```

2. tar：打包压缩

-c：归档文件，建立新的备份文件。
-w 或--interactive：遇到问题时先询问用户。
-x：压缩文件。
-z：gzip 压缩文件。
-j：bzip2 压缩文件。
-v：显示压缩或解压缩过程（view）。
-f：使用档名。
例如只打包、不压缩，可以在终端输入以下命令：

```
tar -cvf /home/abc.tar /home/abc
```

既打包又用 gzip 压缩，可以在终端输入以下命令：

```
tar -zcvf /home/abc.tar.gz /home/abc
```

既打包又用 bzip2 压缩，可以在终端输入以下命令：

```
tar -jcvf /home/abc.tar.bz2 /home/abc
```

如果想解压缩，可直接将命令 tar -cvf/tar -zcvf/tar -jcvf 中的"c"换成"x"。

3. rar：打包压缩

创建一个叫作 test. rar 的包，可以在终端输入以下命令：

```
rar a test.rar test
```

终端显示结果为：

```
RAR 5.50   Copyright (c) 1993-2017 Alexander Roshal   11 Aug 2017
Trial version             Type'rar -? 'for help
Evaluation copy. Please register.
Creating archive test. rar
Adding   test                    OK
Done
```

同时压缩 file1、file2 及目录 dir1，可以在终端输入以下命令：

```
rar a file1.rar file1 file2 dir1
```

解压 rar 包，可以在终端输入以下命令：

```
rar x file1.rar
或
unrar x file1.rar
```

2.5.5 关机与重启类命令

1. shutdown：最安全的关机命令

-h：关机后关闭电源（halt）。

-r：重启计算机。

-k：并不会真的关机，只是将警告信息传给使用者。

-n：不采用正常程序来关机，用强迫的方式关闭所有执行中的程序后自行关机。

-c：取消已经进行的关机动作。

例如，关闭系统并立即关机（需要 root 用户），可以在终端输入以下命令：

```
shutdown -h now
```

若要 10min 后关机，可以在终端输入以下命令：

```
shutdown -h +10
```

若要立即重启，可以在终端输入以下命令：

```
shutdown -r now
```

2. halt：最简单的关机命令

halt 命令相当于调用 shutdown -h，当 halt 执行时，关闭应用进程。

-f：没有调用 shutdown 而强制关机或重启。

-i：关机（或重启）前，关掉所有的网络接口。

例如，要在关掉所有网络接口后关机，可以在终端输入以下命令：

```
halt -i
```

3. poweroff：最常用的关机命令

若要关机，可以在终端输入以下命令：

```
poweroff
```

4. reboot：重启

若要在系统重启时，不做将记忆体资料写回硬盘的操作，可以在终端输入以下命令：

```
reboot -n
```

5. logout：让用户退出系统，其功能和 login 命令相互对应

若要将系统注销，退出系统，可以在终端输入以下命令：

```
logout
```

2.6　课 后 习 题

1. 在 Linux 中，若要返回根目录，可以使用_____命令；若要返回主目录，可以使用_____命令；若要返回上级目录，可以使用_____命令；若要返回上三级目录，可以使用_____命令。

2. 与 ll 作用相同的命令是_____。

3. 若要删除 ~/桌面/robot 目录及其目录下的子目录及文件，应使用_____命令。

4. 在对目录进行复制、删除或者移动时，若命令中使用-f 参数，简要说明-f 参数作用；若命令中使用-r 参数，简要说明-r 参数作用；若命令中使用-if 参数，简要说明-if 参数作用。

5. 简述双系统安装 Ubuntu 与虚拟机安装 Ubuntu 的优缺点。

6. 简要说明 vim 编辑器有哪几种工作模式。

7. 简述 more 和 less 的区别。

第 3 章

ROS 开发环境与传感器适配

3.1　什么是 ROS

ROS（Robot Operating System，机器人操作系统）是一个用于机器人应用的开源软件开发工具包。十多年来，ROS 项目通过培养数百万开发人员和用户的全球社区，为机器人技术创造了一个庞大的软件生态系统。

3.1.1　ROS 的起源

ROS 起源于 2007 年斯坦福大学人工智能实验室与机器人技术公司 Willow Garage 之间合作的个人机器人项目（Personal Robots Program）。前期由 Willow Garage 来进行推动，现在转交 OSRF（Open Source Robotics Foundation，开源机器人基金会）运营，全球的大学和机器人研究机构都积极参与其中。2009 年，Willow Garage 开放了 ROS 的源码。

3.1.2　ROS 的设计目标

ROS 是一种开源的机器人操作系统，或者说次级操作系统。它能提供类似操作系统所提供的功能，如硬件抽象描述、底层驱动程序管理、共用功能的执行、程序间的消息传递、程序发行包管理，也提供一些工具程序和库，用于获取、建立、编写和运行多机整合的程序。这种基于"复用"的分工协作，遵循了"不重复造轮子"的原则，明显提升了开发者的研发效率，尤其是伴随着机器人硬件越来越丰富、软件库越来越庞大，这种复用性和模块化开发需求也越来越强烈。

3.1.3　ROS 的特点

机器人开发的分工思想，实现了不同研发团队间的共享和协作，提升了机器人的研发效率。为了服务"分工"，ROS 主要有如下特点：

1）代码复用：ROS 的目标不是成为具有最多功能的框架，其主要目标是支持机器人技术研发中的代码重用。

2）分布式：ROS 是进程（也称为 Nodes）的分布式框架，ROS 中的进程可分布于不同主机。不同主机协同工作，从而分散计算压力。

3）松耦合：ROS 中功能模块封装于独立的功能包或元功能包，便于分享。功能包内的模块以节点为单位运行，以 ROS 标准的 I/O 作为接口。开发者不需要关注模块内部实现，只要了解接口规则就能实现复用，实现了模块间点对点的松耦合连接。

4）精简：ROS 被设计为尽可能精简，以便为 ROS 编写的代码可以与其他机器人软件框架一起使用。ROS 易于与其他机器人软件框架集成（ROS 已经与 OpenRAVE、Orocos 和 Player 集成）。

5）语言独立性：包括 Java、C++、Python 等。为了支持更多应用开发和移植，ROS 设计为一种语言弱相关的框架结构，使用简洁。中立的定义语言描述模块间的消息接口，在编译中再产生所使用语言的目标文件，为消息交互提供支持，同时允许消息接口的嵌套使用。

6）易于测试：ROS 具有称为 rostest 的内置单元/集成测试框架，可轻松安装和卸载测试工具。

7）丰富的组件化工具包：ROS 可采用组件化方式集成一些工具和软件到系统中并作为一个组件直接使用，如 RViz（3D 可视化工具）。开发者根据 ROS 定义的接口在其中显示机器人模型等，组件还包括仿真环境和消息查看工具等。

3.2 ROS 安装

3.2.1 操作系统与 ROS 版本选择

从 2009 年 Willow Garage 开源 ROS 以来，ROS 已经发布了十几个版本，如图 3-1 所示。目前较为常用的是 Noetic 和 Melodic，本书以 Melodic 为例进行介绍。

版本	发布日期	海报	图标	EOL日期
ROS Melodic Morenia	2018年5月23日			2023年5月（Bionic EOL）
ROS Lunar Loggerhead	2017年5月23日			2019年5月
ROS Kinetic Kame (Recommended)	2016年5月23日			2021年5月
ROS Jade Turtle	2015年5月23日			2017年5月

图 3-1 ROS 版本选择

3.2.2 配置系统软件源

本操作的目的是提升软件包的下载速度。在 Ubuntu 系统的 Dock 栏单击九宫格，单击"软件和更新"，如图 3-2 所示，勾选图中选项。然后单击"下载自"，选择"其他站点 ..."，本书选择 aliyun，如图 3-3 所示。

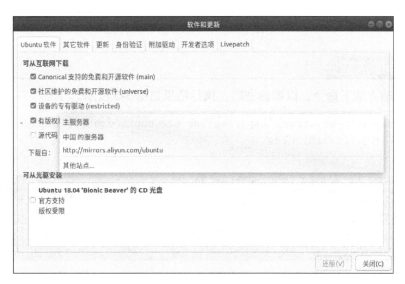

软件和更新
Ubuntu 软件
其它软件
更新
身份验证
附加驱动
开发者选项
Livepatch
可从互联网下载
Canonical 支持的免费和开源软件 (main)
社区维护的免费和开源软件 (universe)
设备的专有驱动 (restricted)
有版权
源代码
下载自:
主服务器
中国 的服务器
http://mirrors.aliyun.com/ubuntu
其他站点...
可从光驱安装
Ubuntu 18.04 'Bionic Beaver' 的 CD 光盘
官方支持
版权受限
还原(V)
关闭(C)

图 3-2　软件和更新

选择下载服务器
中国
ftp.sjtu.edu.cn
mirror.bjtu.edu.cn
mirror.lzu.edu.cn
mirror.nju.edu.cn
mirrors.aliyun.com
mirrors.bfsu.edu.cn
mirrors.bupt.edu.cn
mirrors.cloud.tencent.com
选择最佳服务器(S)
协议:
http
取消(C)
选择服务器(S)

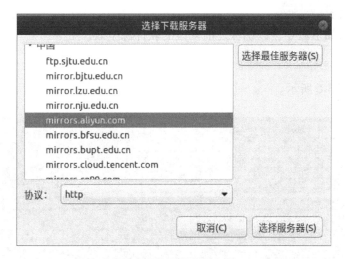

图 3-3　选择下载服务器

3.2.3　添加 ROS 软件源

在键盘上按<Ctrl+Alt+T>组合键，新建一个终端，并输入如下命令，以添加 ROS 官方软件源镜像。执行结果如图 3-4 所示。

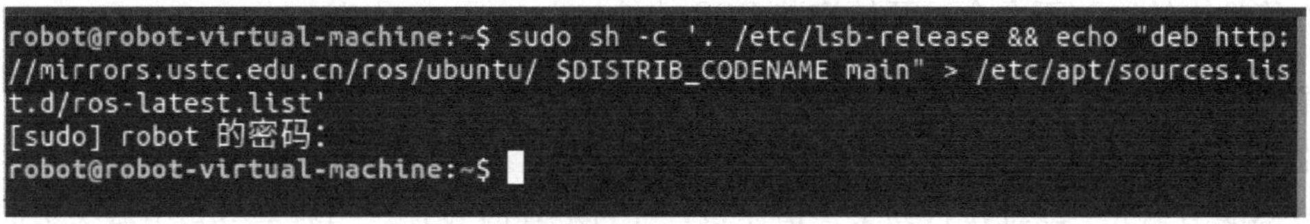

robot@robot-virtual-machine:~$ sudo sh -c '. /etc/lsb-release && echo "deb http://mirrors.ustc.edu.cn/ros/ubuntu/ $DISTRIB_CODENAME main" > /etc/apt/sources.list.d/ros-latest.list'
[sudo] robot 的密码:
robot@robot-virtual-machine:~$

图 3-4　添加 ROS 软件源

```
sudo sh -c'. /etc/lsb-release && echo "deb http://mirrors.ustc.edu.cn/ros/ubuntu/
$DISTRIB_CODENAME main" > /etc/apt/sources.list.d/ros-latest.list'
```

3.2.4 添加密匙

在终端中输入如下命令,以添加密匙。执行结果如图 3-5 所示。

```
sudo apt-key adv --keyserver 'hkp://keyserver.ubuntu.com:80'--recv-key C1CF6E31E6-
BADE8868B172B4F42ED6FBAB17C654
```

图 3-5 添加密匙

3.2.5 更新软件源

在终端中输入如下命令,以确保之前修改的软件源生效。

```
sudo apt update
```

执行结果如图 3-6 所示。

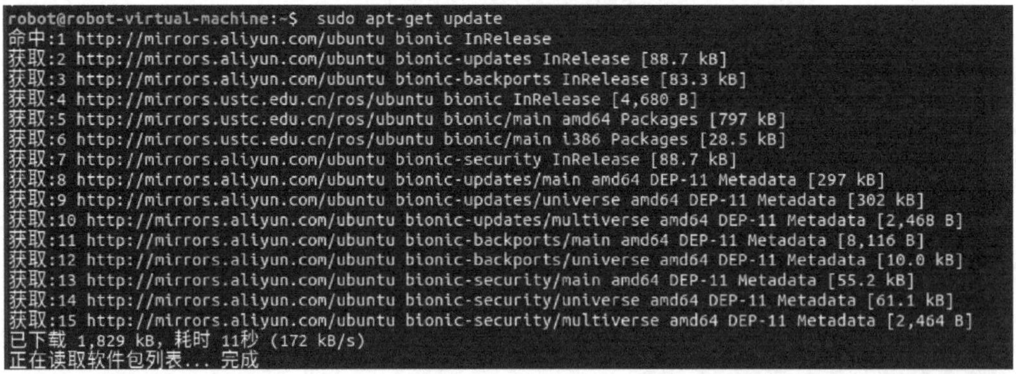

图 3-6 更新软件源

3.2.6 安装 ROS

在终端中输入如下命令,开始安装 ROS 软件包。

```
sudo apt install ros-melodic-desktop-full
```

命令执行结果如图 3-7 所示。

在终端中输入 y 继续执行安装。请注意:此过程耗时较长,当有部分包下载失败时,可以多执行几次。软件包安装成功后,系统提示如图 3-8 所示。

```
ruby-did-you-mean ruby-minitest ruby-net-telnet ruby-power-assert
ruby-test-unit ruby2.5 rubygems-integration sbcl sdformat-sdf sgml-base
sip-dev tango-icon-theme tcl tcl-dev tcl-vtk6 tcl8.6 tcl8.6-dev tk tk-dev
tk8.6 tk8.6-blt2.5 tk8.6-dev ttf-bitstream-vera ttf-dejavu-core unixodbc-dev
uuid-dev va-driver-all vdpau-driver-all vtk6 x11proto-composite-dev
x11proto-core-dev x11proto-damage-dev x11proto-dev x11proto-fixes-dev
x11proto-input-dev x11proto-randr-dev x11proto-scrnsaver-dev
x11proto-xext-dev x11proto-xf86vidmode-dev x11proto-xinerama-dev xml-core
xorg-sgml-doctools xtrans-dev zlib1g-dev
升级了 0 个软件包，新安装了 1057 个软件包，要卸载 0 个软件包，有 0 个软件包未被升级。
需要下载 527 MB/534 MB 的归档。
解压缩后会消耗 2,403 MB 的额外空间。
您希望继续执行吗？ [Y/n] y
```

图 3-7　安装 ROS

```
robot@robot-virtual-machine:~$ sudo apt install ros-melodic-desktop-full
[sudo] robot 的密码：
正在读取软件包列表... 完成
正在分析软件包的依赖关系树
正在读取状态信息... 完成
ros-melodic-desktop-full 已经是最新版 (1.4.1-0bionic.20220812.192632)。
升级了 0 个软件包，新安装了 0 个软件包，要卸载 0 个软件包，有 0 个软件包未被升级。
```

图 3-8　安装成功

3.2.7　初始化 rosdep

在终端中输入如下命令，以初始化 rosdep 功能包。

```
sudo rosdep init
```

命令执行结果如图 3-9 所示。

```
robot@robot-virtual-machine:~$ sudo rosdep init
Wrote /etc/ros/rosdep/sources.list.d/20-default.list
Recommended: please run

        rosdep update
```

图 3-9　初始化 rosdep

3.2.8　设置环境变量

在终端中输入如下命令，以设置环境变量。

```
echo "source /opt/ros/melodic/setup.bash" >> ~/.bashrc
```

然后在终端中输入如下命令，以刷新环境变量，使环境变量设置生效。

```
source ~/.bashrc
```

上述两条命令的执行情况如图 3-10 所示。

```
robot@robot-virtual-machine:~$ echo "source /opt/ros/melodic/setup.bash" >> ~/.b
ashrc
robot@robot-virtual-machine:~$ source ~/.bashrc
```

图 3-10　设置环境变量

3.2.9 安装 rosinstall

在终端中输入如下命令，安装 rosinstall 功能包。

```
sudo apt install python3-rosinstall python3-rosinstall-generator python3-wstool
```

命令的执行过程如图 3-11 所示。

```
正在处理用于 libc-bin (2.31-0ubuntu9.9) 的触发器 ...
正在处理用于 man-db (2.9.1-1) 的触发器 ...
正在处理用于 desktop-file-utils (0.24-1ubuntu3) 的触发器 ...
正在处理用于 mime-support (3.64ubuntu1) 的触发器 ...
正在处理用于 gnome-menus (3.36.0-1ubuntu1) 的触发器 ...
```

图 3-11 安装 rosinstall

3.3 ROS 基础

如图 3-12 所示，ROS 可以运行在 Linux、UNIX 和 Android 平台上。目前官方对 Linux 中的 Ubuntu 系统支持最好。

稳定版：

- Ubuntu
- Ubuntu (armhf)
- Source installation

测试版：

- OS X (Homebrew)
- Gentoo Linux
- Android (NDK)

图 3-12 ROS 官方对操作系统平台的支持

3.3.1 ROS 常用术语

ROS 由不同的功能包组成，每个功能包提供一类问题的解决方案。ROS 在内部通过消息和服务的方式实现不同程序（节点）的通信。以下简要介绍 ROS 中常用术语的含义。

1）功能包集（Stack）：功能包集是实现某种功能的多个功能包的集合，可提供更高级的功能。每一个功能包集都带有相关版本号，是 ROS 软件发布的主要形式。

2）功能包（Package）：功能包是 ROS 中组织软件的主要形式，可以编写代码并进行编译、执行等操作。一个功能包一般包含程序文件、编译描述文件、配置文件等。

3）节点（Node）：节点是一个可执行文件，多个节点可实现复杂的功能。程序文件只有转换为可执行文件，才可以在 ROS 中运行。

4）话题（Topic）和服务（Service）：节点之间的通信方式主要包括话题和服务两种。话题只能实现节点之间的单向通信，而服务是双向通信，包括请求（Request）和响应（Response）。

5）消息（Message）：消息指的是通信的具体内容。每一个消息都有一个固定的数据结构，支持标准的原始数据类型，包括整型、浮点型、布尔型等。

3.3.2　ROS 中的通信机制

节点是 ROS 的基本可执行单元，如图 3-13 中的 Camera 和 Viewer。各节点可以向话题发送、监听发布或订阅消息。消息的常见类型是 Float64、Vector 等。节点管理器（Master）为节点提供命名和注册服务，所有节点都要向 Master 注册。

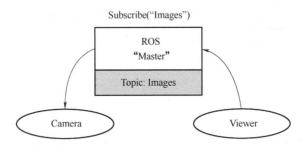

图 3-13　ROS 节点通信示例

当节点通过 Master 注册后，可以直接用 TCP 通信，如图 3-14 所示。

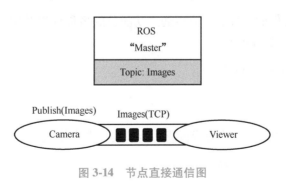

图 3-14　节点直接通信图

每个话题可对应多个发布者和订阅者。如图 3-15 所示，Camera 节点发布 Images 话题，Viewer 节点和 Viewer_too 节点均订阅 Images 话题。

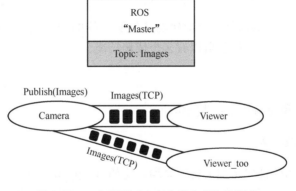

图 3-15　一个话题对应多个发布者和订阅者

3.3.3 ROS 基本功能包命令

1. rospack (ros+pack (age))

rospack 用于获取功能包的相关信息, 其命令格式为:

```
rospack <command> [package_name]
```

rospack help: 输出 rospack 命令的使用方法。

rospack find[package_name]: 查找功能包, 返回的是功能包的绝对路径。

rospack depends[package_name]: 输出功能包的所有依赖项。

2. rosstack (ros+stack)

rosstack: 用于获取功能包集的相关信息。

rosstack help: 输出 rosstack 的帮助信息, 即 rosstack 命令的使用方法。

rosstack find[stack_name]: 查找功能包集, 返回功能包集的绝对路径。

rosstack depends[stack_name]: 输出功能包集的所有依赖项。

3. rosls (ros+ls)

rosls 是 rosbash 套件的一部分, 它可通过功能包的名称列出其包含的文件或文件夹, 而不必使用绝对路径, 命令格式为:

```
rosls [package_name/[subdir]]
```

4. roscd (ros+cd)

roscd 改变当前目录到指定的功能包或功能包集, 命令格式为:

```
roscd [package_name /[subdir]]
```

5. catkin_create_pkg

创建 ros 功能包, 其命令格式为:

```
catkin_create_pkg [package_name] [depend1] [depend2] [depend3]...
```

其中, [package_name] 后面的部分是新建功能包所依赖的功能包, 其作用相当于一个程序文件所包含的头文件。一个功能包可以有多个依赖功能包。

6. catkin_make

catkin_make 的作用是编译 ros 功能包。

7. Tab: 自动完成输入

要输入一个完整的软件包名称会比较繁琐。比如 roscpp_tutorials 是个相当长的名称, 输入需要时间, 而 ROS 工具支持<Tab>键自动补全完成输入的功能。输入:

```
roscd roscpp_tut<<<现在请按 Tab 键>>>
```

当按<Tab>键后,命令行中会自动补充剩余部分:

```
roscd roscpp_tutorials/
```

这是有用的,因为 roscpp_tutorials 是当前唯一一个名称以 roscpp_tut 作为开头的 ROS 软件包。

现在尝试输入:

```
roscd tur<<现在请按 Tab 键>>
```

按<Tab>键后,命令自动补充完整:

```
roscd turtle
```

但是,有多个软件包是以 turtle 开头,当再次按<Tab>键后会列出所有以 turtle 开头的 ROS 软件包,即

```
turtle_actionlib/turtlesim/turtle_tf/
```

这时在命令行中仍然只看到:

```
roscd turtle
```

现在在 turtle 后面输入 s,然后按<Tab>键:

```
roscd turtles<<<请按 Tab 键>>>
```

然后在命令行中看到:

```
roscd turtlesim
```

3.3.4　ROS 中的核心命令

1. roscore(ros+core)

对于 ros 1.0,在运行 ros 节点之前,必须先运行 roscore 命令。

2. rosrun(ros+run)

rosrun 运行 ros 节点,命令格式为:

```
rosrun [package_name] [node_name]
```

3. rosnode(ros+node)

rosnode 可以显示正在运行的 ros 节点信息。rosnode 的常用命令有如下几种。

rosnode list:列出当前正在运行的节点。

rosnode info[node_name]:输出节点的信息。

rosnode kill[node_name]:结束一个正在运行的节点,例如 rosnode kill -a,结束所有的节点。

4. rosmsg/rossrv（ros+msg/srv）

rosmsg 显示消息数据结构的定义，rossrv 显示服务数据结构的定义。可以运行 rosmsg -h（rossrv -h）查看 rosmsg（rossrv）命令的使用方法。以 rosmsg 为例，运行 rosmsg -h，可以看到 rosmsg 有如下几种命令。

rosmsg show：显示消息中各个变量的定义。

rosmsg list：列出 ros 中所有的消息。

rosmsg md5：显示消息的 md5 值。

rosmsg package：列出功能包中的所有消息。

rosmsg packages：列出具有某个消息的所有功能包。

5. rostopic（ros+topic）

rostopic 查看节点的话题信息，运行 rostopic -h 可以获得该命令的使用方法。

rostopic bw［topic］：显示话题的带宽。

rostopic echo［topic］：输出话题发布的数据。

rostopic find：通过类型查找话题。

rostopic hz［topic］：输出话题发布的频率。

rostopic info［topic］：输出话题的基本信息，包括消息类型、发布节点和订阅节点。

rostopic list：输出当前活动的话题。

rostopic pub：发布数据到话题。

rostopic type［topic］：输出话题的消息类型。

6. rosservice（ros+service）

rosservice 是一个应用于服务的命令。运行命令 rosservice -h，可以获得 rosservice 的帮助信息。

rosservice type：输出服务的类型。

rosservice find：通过服务类型查找服务。

rosservice uri：输出服务 ROSRPC URI。

rosservice list：输出当前活动服务的信息。

rosservice call：请求服务。

7. rosparam

rosparam 可用来保存和设置 ROS 参数服务器（Parameter Server）中的数据。参数服务器可以存储整型、浮点型、布尔型、字典及列表。rosparam 的语法格式采用了 YAML。YAML 中，1 表示整型，1.0 表示浮点型，one 表示字符串，true 表示布尔型，［1，2，3］表示整型列表，{a：b，c：d} 表示字典。rosparam 的使用方法如下。

rosparam set［param_name］：设置参数。

rosparam get［param_name］：获取参数。

rosparam load［file_name］［namespace］：从一个文件中加载参数。

rosparam dump[file_name][namespace]：写参数到一个文件。

rosparam delete：删除一个参数。

rosparam list：列出参数的名称。

8. roslaunch

roslaunch 可以按照 .launch 文件的描述方式启动节点，其常用方法为：

```
roslaunch[package][filename.launch]
```

9. rosbag

.bag 是 ROS 中用来存储消息数据的文件格式。rosbag 可用来处理 .bag 文件，它的功能包括记录（Record）、总结（Info）、回放（Play）、检查（Check）、修复（Fix）等。

3.4　ROS 使用

3.4.1　验证 ROS 是否安装成功

在终端中输入如下命令，以启动 ROS 核心：

```
roscore
```

如果 ROS 安装成功，系统反馈信息如图 3-16 所示。

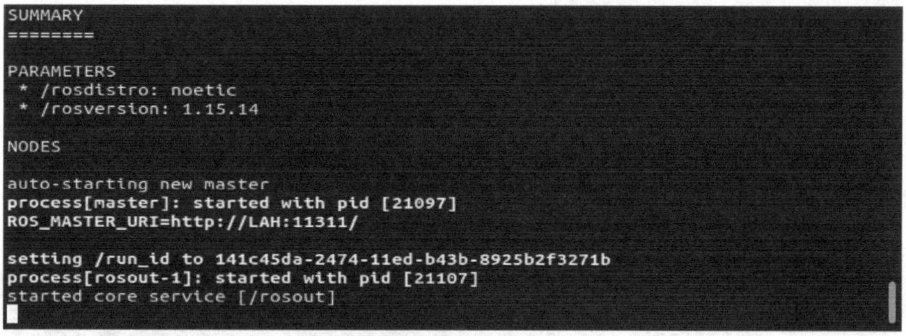

```
SUMMARY
========

PARAMETERS
 * /rosdistro: noetic
 * /rosversion: 1.15.14

NODES

auto-starting new master
process[master]: started with pid [21097]
ROS_MASTER_URI=http://LAH:11311/

setting /run_id to 141c45da-2474-11ed-b43b-8925b2f3271b
process[rosout-1]: started with pid [21107]
started core service [/rosout]
```

图 3-16　启动 roscore

新建一个终端，输入如下命令，启动海龟窗口：

```
rosrun turtlesim turtlesim_node
```

再新建一个终端，输入如下命令，启动海龟键盘控制节点：

```
rosrun turtlesim turtle_teleop_key
```

效果如图 3-17 所示。

至此，可以通过键盘控制海龟运动。

图 3-17　启动海龟节点

3.4.2　ROS 核心命令的使用

1. rosnode

输入 rosnode list 查看当前正在运行的节点，可以发现有 teleop_turtle 和 turtlesim 节点，如图 3-18 所示。

```
robot@robot-virtual-machine:~$ rosnode list
/rosout
/teleop_turtle
/turtlesim
```

图 3-18　查看节点列表

分别输入 rosnode info/teleop_turtle 和 rosnode info/turtlesim 查看节点信息，命令运行结果如图 3-19 所示。

2. rosmsg

输入 rosmsg show 按<Tab>键补齐可以发现很多消息，例如输入 rosmsg show turtlesim/Pose，如图 3-20 所示，可以看到海龟位姿信息的定义。

```
robot@robot-virtual-machine:~$ rosnode info /teleop_turtle
--------------------------------------------------------------------
Node [/teleop_turtle]
Publications:
 * /rosout [rosgraph_msgs/Log]
 * /turtle1/cmd_vel [geometry_msgs/Twist]

Subscriptions: None

Services:
 * /teleop_turtle/get_loggers
 * /teleop_turtle/set_logger_level


contacting node http://localhost:33263/ ...
Pid: 77159
Connections:
 * topic: /rosout
    * to: /rosout
    * direction: outbound (35039 - 127.0.0.1:39870) [12]
    * transport: TCPROS
 * topic: /turtle1/cmd_vel
    * to: /turtlesim
    * direction: outbound (35039 - 127.0.0.1:39886) [10]
    * transport: TCPROS

robot@robot-virtual-machine:~$ rosnode info /turtlesim
--------------------------------------------------------------------
Node [/turtlesim]
Publications:
 * /rosout [rosgraph_msgs/Log]
 * /turtle1/color_sensor [turtlesim/Color]
 * /turtle1/pose [turtlesim/Pose]

Subscriptions:
 * /turtle1/cmd_vel [geometry_msgs/Twist]

Services:
 * /clear
 * /kill
 * /reset
 * /spawn
 * /turtle1/set_pen
 * /turtle1/teleport_absolute
 * /turtle1/teleport_relative
 * /turtlesim/get_loggers
 * /turtlesim/set_logger_level


contacting node http://localhost:37287/ ...
Pid: 76859
Connections:
 * topic: /rosout
    * to: /rosout
    * direction: outbound (41825 - 127.0.0.1:43810) [29]
    * transport: TCPROS
 * topic: /turtle1/cmd_vel
    * to: /teleop_turtle (http://localhost:33263/)
    * direction: inbound (39886 - localhost:35039) [31]
    * transport: TCPROS
```

图 3-19　查看节点信息

```
visualization_msgs/MenuEntry
robot@robot-virtual-machine:~$ rosmsg show turtlesim/Pose
float32 x
float32 y
float32 theta
float32 linear_velocity
float32 angular_velocity
```

图 3-20　查看海龟位姿消息的定义

3. rostopic

输入 rostopic list，以查看当前话题，结果如图 3-21 所示。

```
(base) lah@LMY:~$ rostopic list
/rosout
/rosout_agg
(base) lah@LMY:~$
```

图 3-21　查看当前话题

3.5　ROS 开发环境

3.5.1　安装终端

在 ROS 中，需要频繁使用终端，且可能需要同时开启多个窗口，推荐一款较为好用的终端：Terminator。输入以下命令安装：

```
sudo apt install terminator
```

终端安装效果如图 3-22 所示，可通过右键进行分屏操作。

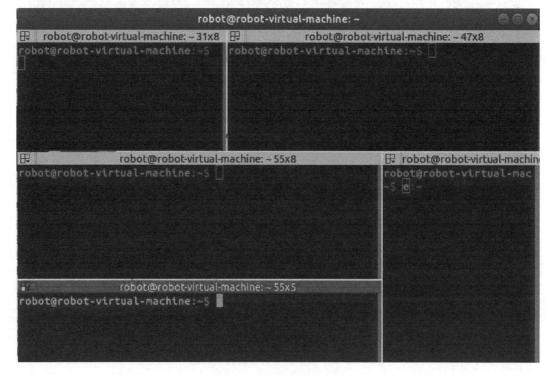

图 3-22　终端安装效果

3.5.2　安装 VS Code

VS Code（Visual Studio Code）是微软公司开发的一款轻量级代码编辑器，它免费、开源而且功能强大。我们可以进入其官网（https://code.visualstudio.com/）下载并安装。

打开 VS Code，可以在其左侧扩展栏中下载常用插件，如 Chinese（simplified）、Cmake Tools、C/C++、ROS、Python 等，如图 3-23 所示。

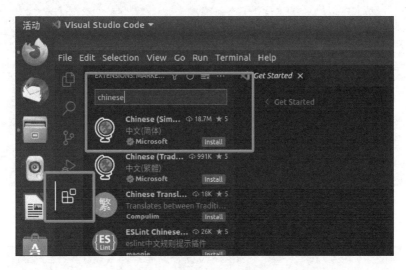

图 3-23　下载 VS Code 中的插件

3.5.3　使用 VS Code

新建终端，输入以下命令创建一个工作空间：

```
mkdir -p name_ws/src
```

name_ws 为自定义工作空间名字，工作空间后必须包含/src。

输入以下命令进入工作空间：

```
cd name_ws
```

在工作空间下，输入以下命令进行编译：

```
catkin_make
```

上述命令的运行结果如图 3-24 所示。

在 name_ws 工作空间中输入以下命令通过 VS Code 打开，如图 3-25 所示。

```
code .
```

如图 3-26 所示，选中 src，按<Ctrl+Shift+B>键调用编译，单击方框位置。

如图 3-27 所示，右击 src，创建功能包。

如图 3-28 所示，输入功能包名称 hello。

如图 3-29 所示，输入依赖文件 roscpp rospy std_msgs。

```
robot@robot-virtual-machine: ~/name_ws
robot@robot-virtual-machine: ~/name_ws 80x24
robot@robot-virtual-machine:~$ mkdir -p name_ws/src
robot@robot-virtual-machine:~$ cd name_ws
robot@robot-virtual-machine:~/name_ws$ catkin_make
Base path: /home/robot/name_ws
Source space: /home/robot/name_ws/src
Build space: /home/robot/name_ws/build
Devel space: /home/robot/name_ws/devel
Install space: /home/robot/name_ws/install
Creating symlink "/home/robot/name_ws/src/CMakeLists.txt" pointing to "/opt/ros/
melodic/share/catkin/cmake/toplevel.cmake"
####
#### Running command: "cmake /home/robot/name_ws/src -DCATKIN_DEVEL_PREFIX=/home
/robot/name_ws/devel -DCMAKE_INSTALL_PREFIX=/home/robot/name_ws/install -G Unix
Makefiles" in "/home/robot/name_ws/build"
####
-- The C compiler identification is GNU 7.5.0
-- The CXX compiler identification is GNU 7.5.0
-- Check for working C compiler: /usr/bin/cc
-- Check for working C compiler: /usr/bin/cc -- works
-- Detecting C compiler ABI info
-- Detecting C compiler ABI info - done
-- Detecting C compile features
-- Detecting C compile features - done
-- Check for working CXX compiler: /usr/bin/c++
```

图 3-24　编译工作空间的运行结果

```
####
#### Running command: "make -j8 -l8" in "/home/robot/name
####
robot@robot-virtual-machine:~/name_ws$ code .
```

图 3-25　在终端中打开 VS Code

图 3-26　调用编译

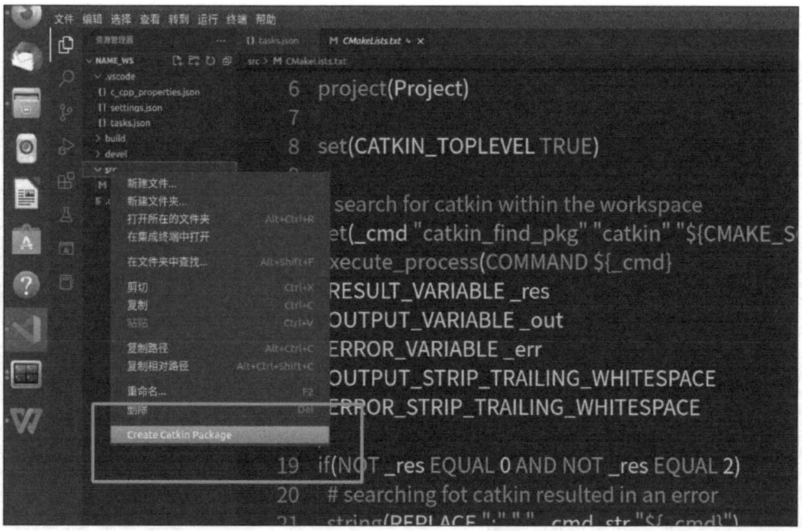

图 3-27　创建功能包

图 3-28　输入功能包名称

图 3-29　输入依赖文件

继续右击二级 src，新建 cpp 文件 hello_world. cpp，如图 3-30 所示。
在新建的 cpp 文件中输入以下测试代码：

```cpp
#include"ros/ros. h"
int main(int argc,char    * argv[])
{
  ros::init(argc,argv,"hello_world_node");     //初始化节点
  ros::NodeHandle nh;                          //创建节点句柄
  ROS_INFO("hello world!");
  return 0;
}
```

修改 hello 功能包下的 Cmakelists 文件，分别放开 add_executable 和 target_link_libraries 的注释，并将 hello _node. cpp 修改为 cpp 文件名（hello _world. cpp），如图 3-31 所示。将 ${PROJECT_NAME}_node 修改为节点名（hello_world_node），如图 3-32 所示。

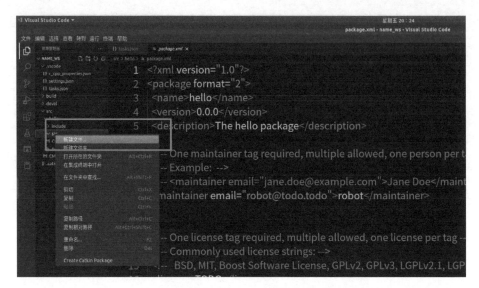

图 3-30   二级 src 下新建文件

```
# add_executable(${PROJECT_NAME}_node src/hello_node.cpp)
add_executable(hello_world_node src/hello_world.cpp)
```

图 3-31   添加可执行文件

```
# target_link_libraries(${PROJECT_NAME}_node
#   ${catkin_LIBRARIES}
# )
target_link_libraries(hello_world_node
  ${catkin_LIBRARIES}
)
```

图 3-32   节点链接目标库

然后按<Ctrl+Shift+B>键编译，终端显示结果如图 3-33 所示。

```
-- Build files have been written to: /home/robot/name_ws/build
####
#### Running command: "make -j8 -l8" in "/home/robot/name_ws/build"
####
Scanning dependencies of target hello_world_node
[ 50%] Building CXX object hello/CMakeFiles/hello_world_node.dir/src/hello_world.cpp.o
[100%] Linking CXX executable /home/robot/name_ws/devel/lib/hello/hello_world_node
[100%] Built target hello_world_node
* 终端将被任务重用，按任意键关闭。
```

图 3-33   VS Code 中编译过程

如图 3-34 所示，单击右下角 "+" 新建终端，然后输入 roscore 启动 ROS 核心。
再新建一个终端，输入如下命令刷新环境变量：

```
source ./devel/setup.bash
```

图 3-34　VSCode 中启动 ROS 核心

再输入以下命令运行节点:

```
rosrun hello hello_world_node
```

程序运行结果如图 3-35 所示。

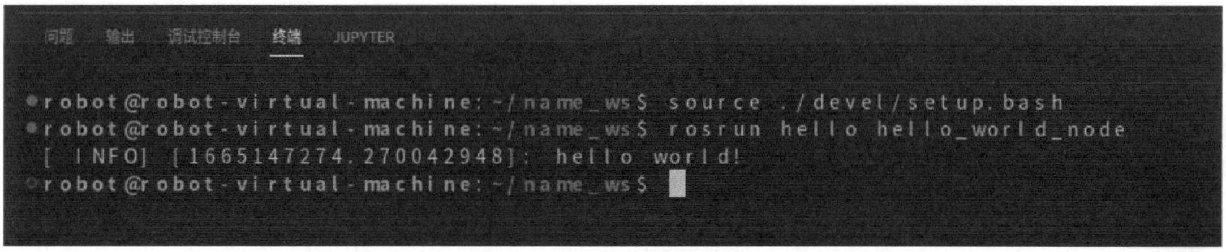

```
问题   输出   调试控制台   终端   JUPYTER

●robot@robot-virtual-machine:~/name_ws$ source ./devel/setup.bash
●robot@robot-virtual-machine:~/name_ws$ rosrun hello hello_world_node
[ INFO] [1665147274.270042948]: hello world!
●robot@robot-virtual-machine:~/name_ws$
```

图 3-35　VS Code 中输入结果

3.6　ROS 下相机的使用

ROS 对许多常见的外设和传感器都提供了驱动支持，如游戏杆、游戏手柄、IMU（惯性测量单元）、激光测距仪、Kinect（RGBD）相机、USB 相机等。本节以 USB 相机为例，介绍 ROS 下 USB 相机驱动安装、相机节点编译执行、单目相机标定等内容。本节内容对于本书第 4 和 5 章的项目提供了支撑。

3.6.1　预备知识

1. USB 单目相机

当相机连接到计算机的 USB 口时，Linux 系统会给该相机分配一个设备端口号。用户可以通过该设备端口号使用此相机。

2. usb_cam 功能包

src/usb_cam.cpp 最终产生 libusb_cam.so，它使用 V4L2 接口访问相机，并提供一些必要的格式转换工具。

nodes/usb_cam_node.cpp 最终产生 usb_cam_node。它初始化 ROS，利用 libusb_cam.so 获取相机数据，并利用 image_transport 发布各种格式的 image 消息。

3.6.2 实验内容

1. ROS 下的 USB 相机驱动

1）设备准备：罗技 USB 相机，型号为 C270i。

2）准备 ROS 版本 USB 摄像机驱动：建议用 ROS 官网给出的 USB 驱动源码进行编译安装，因为在使用 USB 相机时需要对其参数进行自行修改，此时从源码进行安装能够便于修改其内置参数。在工作空间中，打开终端，输入以下命令，克隆 usb_cam 包源码，如图 3-36 所示。

```
git clone https://github.com/ros-drivers/usb_cam
```

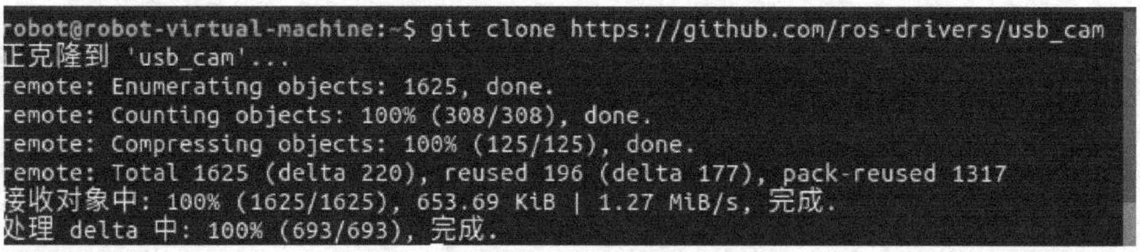

图 3-36　克隆代码

2. 修改 launch 文件

首先，将 USB 相机插入计算机的 USB 口，执行以下命令：

```
ls /dev/video*
```

该命令行用来显示计算机此时的相机可用情况，正常情况下会显示 "/dev/video0 video1"。一般情况下 0 为计算机自带相机设备号，1 为外置 USB 相机设备号。或者通过插拔 USB 相机来观察哪个设备号改变，即为所用相机的设备号。

然后，查看 usb_cam 的内部设备，并使用 gedit 编辑 launch 文件，输入命令如下：

```
cd ~/catkin_ws/src/usb_cam/launch
gedit usb_cam-test.launch
```

获得如图 3-37 所示的界面。

修改第 3 行中的 value = "/dev/video0"，将 video0 改为读者的 USB 相机设备号。此处相机设备号为 video1，所以将代码修改为：value = "/dev/video1"。

3. 编译功能包 usb_cam

首先确定 usb_cam 包处于工作空间 catkin_ws/src 中，然后打开终端进行编译：

```
usb_cam-test.launch (~/catkin_ws/src/usb_cam/launch) - gedit

打开(O) ▼   ⊞                                           保存(S)

<launch>
  <node name="usb_cam" pkg="usb_cam" type="usb_cam_node" output="screen" >
    <param name="video_device" value="/dev/video1" />
    <param name="image_width" value="640" />
    <param name="image_height" value="480" />
    <param name="pixel_format" value="yuyv" />
    <param name="camera_frame_id" value="usb_cam" />
    <param name="io_method" value="mmap"/>
  </node>
  <node name="image_view" pkg="image_view" type="image_view"
respawn="false" output="screen">
    <remap from="image" to="/usb_cam/image_raw"/>
    <param name="autosize" value="true" />
  </node>
</launch>

                        纯文本 ▼   制表符宽度: 8 ▼      行 3, 列 50    ▼   插入
```

图 3-37   usb_cam-test. launch

```
cd~/catkin_ws/
catkin_make
```

单纯地将功能包置入工作空间中并不意味着能够直接在该工作空间中使用该功能包，在编译过程中可能出现的错误。如果在 catkin_make 时出现"ERROR：The build space at '/home/student/catkin_ws/build ' was previously built"类似的错误，可以将 catkin_ws/下的 build 和 devel 文件夹备份至桌面并删除，即可重新使用 catkin_make 命令对程序进行编译。

catkin_make 可遍历执行所有的编译描述文件 package. xml 和已有的配置文件 cmakelist. txt（cmakelist 之后在"自定义 msgs"时展开），并对工作空间 catkin_ws 进行编译。最终在/build 文件夹下产生帮助编译和配置功能包的文件，如图 3-38 所示。

图 3-38   catkin_make 自动生成的文件

4. 启动相机节点

启动相机节点之前，先在终端中输入以下命令，以更新配置。

```
source devel/setup.bash
```

新建终端，启动 roscore，如图 3-39 所示。

```
roscore
```

图 3-39　打开 roscore

roscore 是在运行所有 ROS 程序前首先要运行的命令，没有它就无法启动之后所有的节点（直接运行 .launch 文件会默认先打开 roscore，但是为了养成习惯还是先运行 roscore）。

打开第二个终端，执行相机 usb_cam-test.launch 文件：

```
source devel/setup.bash
roslaunch usb_cam usb_cam-test.launch
```

1）如果出现 v4l2-ctl：not found，运行以下命令可以解决这个错误，运行结果如图 3-40 所示。

```
sudo apt-get install v4l-utils
```

图 3-40　安装 v4l-utils

2）如果出现［usb_cam-test. launch］is neither a launch file in package［usb_cam］nor is［usb_cam］a launch file name The traceback for the exception was written to the log file，运行以下命令可以解决这个错误，运行结果如图 3-41 所示。

```
sudo apt-get install ros-melodic-image-view
```

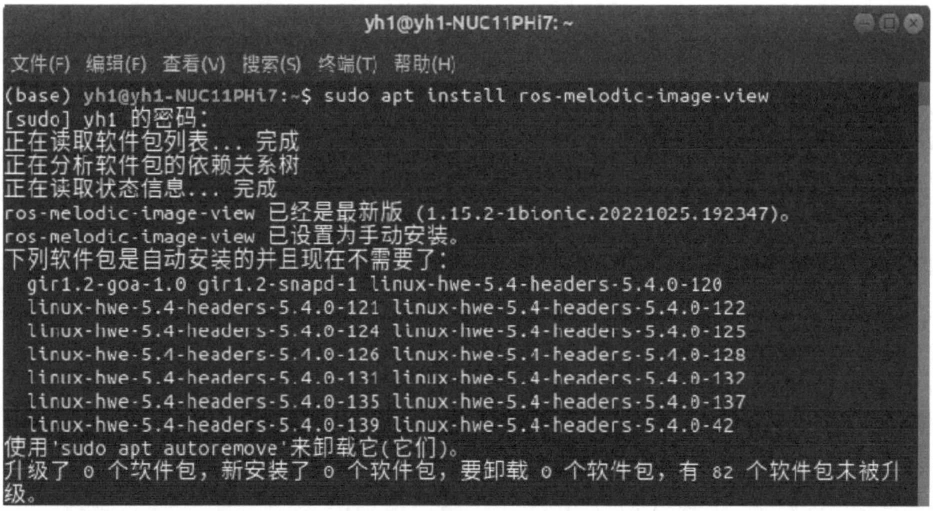

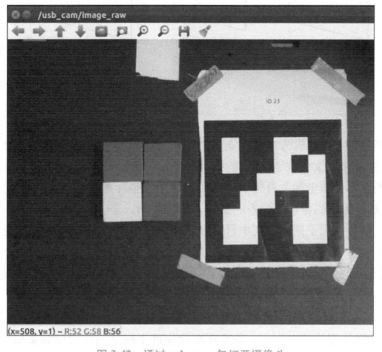

图 3-41　获取 ros-kinetic-image-view

错误解决后，系统弹出一个小窗口，显示相机获取到的图像信息，如图 3-42 所示。

图 3-42　通过 usb_cam 包打开摄像头

如果无法使用 roslaunch 命令，如找不到 usb_cam 功能包，就需要重新配置 .bashrc 文件。

如果相机启动时，收到如下警告，这是由于相机没有进行标定，因此会出警告。

```
[ INFO][1593005482.613080876]: Unable to open camera calibration file
[/home/student/.ros/camera_info/head_camera.yaml]
[ WARN][1593005482.613192505]: Camera calibration file
/home/student/.ros/camera_info/head_camera.yaml not found.
```

3.6.3　相机内参标定

1. 预备知识

（1）相机标定的 4 个坐标系　相机标定涉及 4 个坐标系，如图 3-43 所示。

1）世界坐标系：使用者定义的三维世界坐标系，用于描述目标在真实世界中的位置，单位为 m。

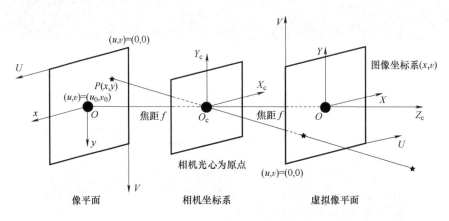

图 3-43　坐标系关系

2）相机坐标系：以相机为中心建立的坐标系，用于描述目标在相机下的坐标位置，作为沟通世界坐标系和图像/像素坐标系的中间一环，单位为 m。

3）图像坐标系：该坐标系可用于描述目标在图像坐标系和相机系之间的投影关系，可进一步计算相机坐标系到像素坐标系的变换，单位为 m。

4）像素坐标系：用于描述现实中目标在相机成像的像素上的坐标，其表示方法为像素在横纵轴上的个数，因此单位为个。

（2）相机标定参数　相机的三大标定参数分别为：相机的内参矩阵 $A(d_x, d_y, r, u, v, f)$、外参矩阵 $[R|T]$、畸变系数 $[k_1, k_2, k_3, \cdots, p_1, p_2, \cdots]$。

1）相机内参矩阵：d_x 和 d_y 分别表示 X 和 Y 轴方向上一个像素占据的实际长度，即一个像素代表的实际物理值的大小，它是实现图像物理坐标系与像素坐标系转换的关键；r 是图像物理坐标的扭曲因子；u、v 表示图像的中心像素坐标和图像原点像素坐标之间相差的横向和纵向像素数。OpenCV 里的内参数是 4 个，为 fx、fy、u_0、v_0，实际 $fx = F * Sx$，其中 F 即焦距 f，Sx 是像素/mm，即 d_x 的倒数。

2）相机外参矩阵：$\boldsymbol{R}$ 为旋转矩阵，负责实现坐标系之间的旋转变换，$\boldsymbol{T}$ 为平移矩阵，负责实现坐标系之间的平移变换。

3）畸变系数：包括相机的径向畸变系数 k_1，k_2，k_3，…，和相机的切向畸变系数 p_1，p_2，…，从而矫正生产的图像，避免拍出的图像产生桶型和枕型畸变，如图 3-44 所示。

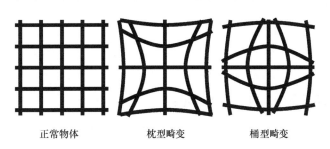

图 3-44 图像畸变

3.6.4 内参标定实验过程

在 ROS 中已经集成了对相机完成标定和畸变矫正的整个流程，使用起来非常方便。通常使用张正友相机标定方法，即利用平面坐标的单应性关系，流程简洁。

1. 准备黑白棋盘格

内参标定采用张正友棋盘格标定法，使用 8×6 的标定板。读者可以访问 ROS 官方相机标定黑白棋盘格的链接，将文件下载后打印在 A4 纸上，量出方格边长，以备后续实验使用。以下是黑白棋盘格文件的链接：

http://wiki. ros. org/camera_calibration/Tutorials/MonocularCalibration? action = AttachFile&do = view&target = check-108. pdf

2. 下载 camera_calibration 标定包

在联网状态下，打开终端输入以下命令，安装相机标定包。

```
sudo apt-get install ros-melodic-calibration
```

确认安装后，等待安装完毕即可。

3. 打开相机

在完成上述两步后，打开 roscore，并新建终端，输入以下命令打开相机。命令的执行结果如图 4-45 所示。注意：可以用 3.6.2 节的方法消除告警。

```
roslaunch usb_cam usb_cam-test. launch
```

```
[ INFO] [1593419115.009380955]: using default calibration URL
[ INFO] [1593419115.009491158]: camera calibration URL: file:///home/student/.ro
s/camera_info/head_camera.yaml
[ INFO] [1593419115.009646228]: Unable to open camera calibration file [/home/st
udent/.ros/camera_info/head_camera.yaml]
[ WARN] [1593419115.010829319]: Camera calibration file /home/student/.ros/camer
a_info/head_camera.yaml not found
[ INFO] [1593419115.010987992]: Starting 'head_camera' (/dev/video0) at 640x480
via mmap (yuyv) at 30 FPS
[ INFO] [1593419115.189513704]: Using transport "raw"
[ WARN] [1593419115.197086594]: sh: 1: v4l2-ctl: not found

[ WARN] [1593419115.204623992]: sh: 1: v4l2-ctl: not found
```

图 3-45　命令的执行结果

4. 相机内参标定

在终端中输入以下命令，启动相机标定：

```
rosrun camera_calibration cameracalibrator.py --size 8x6 --square 0.0237 image:=/
usb_cam/image_raw camera:=/usb_cam
```

其中，size 8x6 代表棋盘格的格点长和宽值分别为 8 和 6；square 0.0237 代表棋盘格每个格子的真实边长（A4 纸打印的该棋盘格普遍大小为 24mm 左右，输入 square 时单位为 m）。命令执行后，可获得如图 3-46 所示的标定窗口。

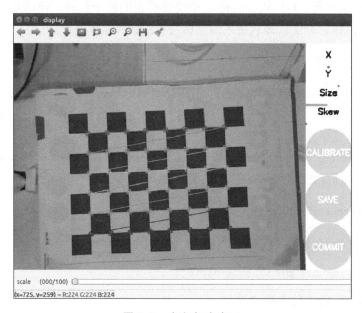

图 3-46　相机标定窗口

现在可以在相机视野内移动标定板。请注意：标定过程中可以从左右、上下、前后、对角方向平移或者倾斜标定板，并注意标定窗口右侧 "X、Y、Size、Skew" 的状态条。界面中的 X 表示标定板在视野中的左右位置；Y 表示标定板在视野中的上下位置；Size 表示标定板在占视野的尺寸大小，也可以理解为标定板离摄像头的远近；Skew 表示标定板在视野中的倾斜位置。初始 X 、Y 、Size 、Skew 的值较小，CALIBRATE 按钮为灰色，如图 3-47 所示。因此，请多次调整标定板的放置位姿和到相机的距离。

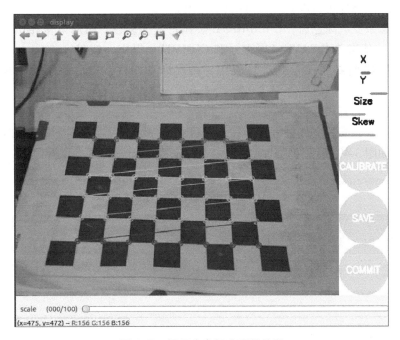

图 3-47　相机内参标定开始阶段

随着标定板在视野中的移动和翻转，4 个参数的进度条都会跟随之增长。最终，CALI-BRATE 按钮将从灰色变成深绿色，如图 3-48 所示。这表明标定程序已获得足够的数据进行

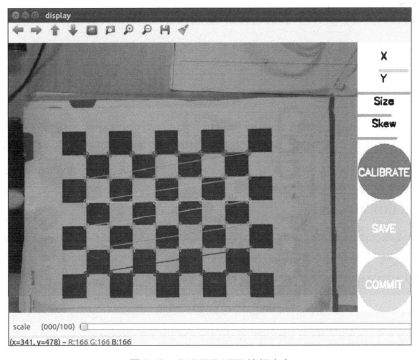

图 3-48　CALIBRATE 按钮变色

相机内参的计算。4 个参数进度条越高越好（全部变成绿色），使相机的内参标定更精确，因此请尽量充分调整标定板以获得更好的内参矩阵。

这 4 个状态条变成绿色后，CALIBRATE 按钮将变为蓝色。然后等待相机标定软件的计算（30s 左右），依次单击 SAVE（保存）和 COMMIT（提交）按钮。

单击 COMMIT 将结果保存到计算机中，再次启动相机节点后就不会出现 3.6.2 节的警告。

至此，相机内参完成标定。

若要验证该内参配置文件是否保存在指定目录文件下，可在终端下输入如下命令。若能打开该文档，如图 3-49 所示，则代表相机内参标定成功。

```
gedit ./.ros/camera_info/head_camera.yaml
```

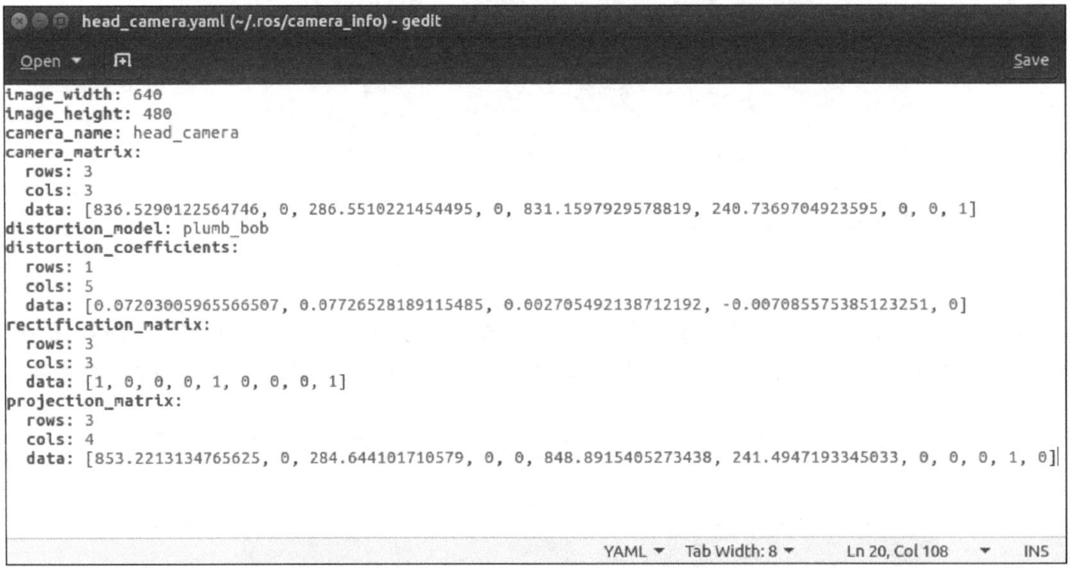

图 3-49　head_camera. yaml 内参配置文

其中，image_width、image_height 代表图片的长、宽；camera_name 为摄像头名称；camera_matrix 规定了摄像头的内参矩阵；distortion_model 指定了畸变模型；distortion_coefficients 指定畸变模型的系数；rectification_matrix 为矫正矩阵，一般为单位阵；projection_matrix 为外部世界坐标到像平面的投影矩阵。

如果单击 COMMIT 时出现：

```
raise ServiceException("service [%s] unavailable"%self. resolved_name)
rospy. service. ServiceException: service [/camera/set_camera_info] unavailable
```

那么可以输入以下命令，自行将标定参数移动至~/.ros/camera_info。

```
cd /tmp
tar -zxvf calibrationdata. tar. gz
mkdir ~/. ros/camera_info
mv ost. yaml ~/. ros/camera_info/
```

将 ost. yaml 文件复制到~/. ros/camera_info 文件夹后，打开该文件并将其重命名为 head_ camera. yaml。

1. ArUco Marker

ArUco Marker 是一种汉明码的格子图，如图 3-50 所示。它由一个宽的黑边和一个内部的二进制矩阵组成，其中白色的方块代表数据位 1，黑色代表数据位 0。因此，内部的矩阵信息具有唯一性，这决定了它们的 ID。黑色的边界有利于快速检测到图像，二进制编码可以验证 ID，并且允许错误的检测和矫正技术的应用。

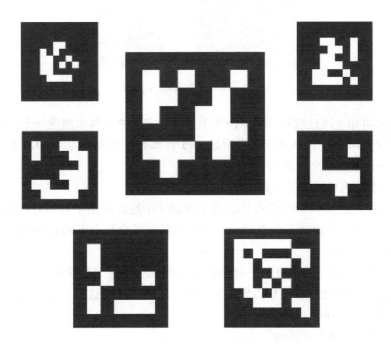

图 3-50　ArUco Marker

相机的外参标定检测的是旋转平移矩阵，即 $[R \mid T]$，因此需要检测 ArUco Marker 在空间中相对于相机的旋转与平移关系。

读者从网址 https://chev. me/arucogen/中生成、下载并记录 ArUco Marker 码对应的大小，如图 3-51 所示。

ArUco Marker 的图像也可以使用 OpenCV 中的 drawMarker( ) 函数来生成。部分代码如下：

```
cv::Mat markerImage;
cv::Ptr<cv::aruco::Dictionary>dictionary=cv::aruco::getPreddfinedDictionary
(cv::aruco::DICT_6X6_250);
    cv::aruco::drawMarker(dictionary,3,200,markerImage,1);
```

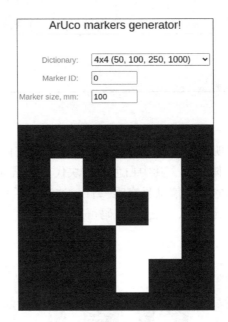

图 3-51　ArUco Marker 码生成

由上述代码可知，通过选择 ArUco 模块中一个预定义的字典来创建一个 Dictionary 对象。具体来说，该字典由 250 个 Marker 角点组成，每个 Marker 的大小为（DICT_6X6）。

drawMarker 函数的各个参数为：

1）第 1 个参数为已创建的字典对象。

2）第 2 个参数是 Marker 对应的 ID。在上述例子中选择的是字典 DICT_6X6_250（是字母 X，而不是乘号×）中的第 3 个 Marker。注意到每个字典是由不同数目的 Marker 所组成，ID 的有效区间为 0~249。

3）第 3 个参数 200，表示输出的 Marker 图像的大小，为 200×200 像素。这一参数需要满足能够存储特定字典的所有位和边界。为了避免图像变形，这一参数最好和位数+边界的大小成正比，或比 Marker 的大小大得多。

4）第 4 个参数是输出的图像。

5）第 5 个参数为可选参数，它指定了 Marker 黑色边界的大小。例如，值为 2 意味着边界的宽度将会是 2 的倍数，默认值为 1。

drawMarker( ) 函数运行后，可以生成如图 3-52 所示 Marker。

图 3-52　DICT_6X6_250 3 Marker

2. ArUco Marker 检测目标

在包含 ArUco Marker 的图片中，检测过程通常能够返回被检测的 Marker 序列。每一个检测的 Marker 结果包括：Marker 4 个角点在图片中的位置以及 Marker 的 ID。

3. 外参标定实验过程

在第 4 和 5 章的项目中，将创建 ROS 功能包 axis_tf，并新建文件 getmarker.cpp，其中核心函数是 getMarker()。下面将介绍 getMarker() 函数的流程图（见图 3-53）和代码解析，以便于读者了解 Marker 检测的过程。

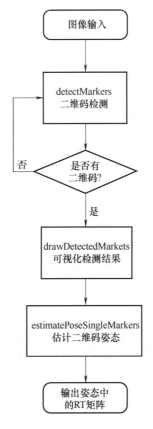

图 **3-53**　相机外参标定流程图

以下是 getMarker() 函数的完整参考代码。

```
void getMarker(cv::Mat& marker_image,vector<cv::Point2f>& marker_center,bool
key)
    {
        vector<int> ids;
        vector< vector<cv::Point2f> > corners;
        vector<cv::Vec3d> rvecs,tvecs;//vector 里面存放的是另一个 vector 这个 vector 存
放的是 3 个双精度数据
```

```
        dictionary=cv::aruco::getPredefinedDictionary(cv::aruco::DICT_6X6_250);
        if(! marker_image.empty())
        {
            cv::aruco::detectMarkers(marker_image,dictionary,corners,ids);
            cv::aruco::drawDetectedMarkers(marker_image,corners,ids);
            cv::aruco::estimatePoseSingleMarkers(corners,0.096,camera_matrix,dist_
coeffs,rvecs,tvecs);//rvecs得到的是相机中的旋转矩阵的返回值,tvecs得到的是相机中的平移矩
阵的返回值
            if(rvecs.empty()&&tvecs.empty())
            {
                cout<<"no trans"<<endl;
            }
            else
            {
                cv::aruco::drawAxis(marker_image,camera_matrix,dist_coeffs ,rvecs,
tvecs,0.1);//画坐标轴
                Zc=tvecs[0][2]-0.025;
                cout<<"深度输出:"<<Zc<<endl;
            }
        }
    }
```

代码分解：

（1）定义 Marker 使用的参数

```
vector<int> ids;
vector< vector<cv::Point2f> > corners;
vector<cv::Vec3d> rvecs,tvecs;
dictionary=cv::aruco::getPredefinedDictionary(cv::aruco::DICT_6X6_250);
```

ids 为 Marker 的 ID；corners 为多张 Marker 的角点信息；rvecs 和 tvecs 分别为外参信息中的旋转和平移信息，这两个矩阵即为外参矩阵；dictionary 为字典信息。

（2）检测 Marker

```
cv::aruco::detectMarkers(marker_image,dictionary,corners,ids);
```

detectMarkers( ) 函数用于检测 Marker，函数的参数分别为：

1）第 1 个参数是传入的图像，即在该图像上寻找 Marker，输入值。

2）第 2 个参数是字典信息，该字典信息 DICT_6X6_250，因此只可以检测该字典下的 Marker，输入值。

3）第 3 个参数为 Marker 的角点信息，返回值。

4）第 4 个参数是 Marker 的 ID，返回值。

（3）可视化检测结果

```
cv::aruco::drawDetectedMarkers(marker_image,corners,ids);
```

drawDetectedMarkers( ) 函数中 3 个参数的含义同 detectMarker( )，都是输入值，可在图

像 marker_image 上画得 Marker 的角点和 ID 信息。

```
cv::aruco::drawAxis(marker_image,camera_matrix,dist_coeffs,rvecs,tvecs,0.1);
```

1）marker_image 为 ArUco 标记图像。它应该是一个灰度或彩色图像，其中包含一个或多个 ArUco 标记。

2）camera_matrix 为相机内部参数矩阵。它应该是一个 3×3 矩阵，包含相机的焦距、主点等参数。

3）dist_coeffs 为相机畸变系数。它应该是一个 1×5 或 1×8 向量，包含相机的径向和切向畸变系数。

4）rvecs 为标记的旋转向量。它应该是一个 1×N 向量，其中 N 是标记数量，每个元素包含一个标记的旋转向量。

5）tvecs 为标记的平移向量。它应该是一个 1×N 向量，其中 N 是标记数量，每个元素包含一个标记的平移向量。

6）axis_length 为坐标轴的长度。它是一个浮点数，指定坐标轴的长度，通常是标记边长的倍数。

这两个函数都用于可视化检测的结果，让用户明确自己的检测是否成功，如图 3-54 所示。

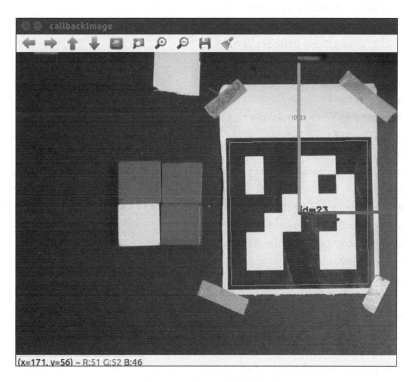

图 3-54　相机外参标定可视化结果

```
cv::aruco::estimatePoseSingleMarkers(corners,0.086,camera_matrix,dist_coeffs,
rvecs,tvecs);
```

1）corners 为 ArUco 标记的 4 个角点。它应该是一个向量，其中每个子向量包含标记的 4 个角点的像素坐标。

2）marker_length 为 ArUco 标记的边长。它是一个浮点数，用于指定标记的实际大小，单位可以是任意的，但必须与相机内部参数矩阵中的单位相同。

（4）深度信息

```
Double Zc=tvecs[0][2]-0.044;
```

由于所使用的相机为 RGB 相机，无法获取深度信息，因此需要对物体的深度信息进行手动赋值。在本书第 4 和 5 章的项目中，机械臂在三维坐标系中操作，而单目相机在不依靠 Marker 等外界帮助的情况下无法获得深度信息。因此，*RT* 矩阵中的 *T* 矩阵的第 3 个元素，即代码中的 tvecs［0］［2］为深度信息，减去的 0.025 为木块距离 Marker 的高度，因此真实的操作高度为它们的差。

getmarker. cpp 的完整参考代码如下：

```
/ ******************** ROS *********************************************/
#include <ros/ros. h>
#include <axif_tf/getPoint. h>
#include <geometry_msgs/PointStamped. h>
#include <sensor_msgs/image_encodings. h>
#include <image_transport/image_transport. h>
#include <tf/transform_broadcaster. h>
#include <tf/transform_datatypes. h>
#include <tf_conversions/tf_eigen. h>
#include <tf/transform_listener. h>
/ ******************** EUGEN *********************************************/
#include <eigen3/Eigen/Core>
#include <eigen3/Eigen/Dense>
#include <eigen3/Eigen/Geometry>
#include <cmath>
/ ******************** OPENCVLIBRARY *********************************/
#include <opencv2/highgui/highgui. hpp>
#include <opencv2/imgproc/imgproc. hpp>
#include <opencv2/core/core. hpp>
#include <opencv2/aruco. hpp>
#include <opencv2/aruco/dictionary. hpp>
#include <opencv2/core/eigen. hpp>
#include <cv_bridge/cv_bridge. h>
#include <iostream>
#include "opencv2/calib3d/calib3d. hpp"
#include "opencv2/imgcodecs. hpp"
/ ******************************** 计算过程中用到的变量 **************
*********************************/
using namespace std;
```

```
    cv::Mat camera _matrix = (cv::Mat _ < double > (3,3) << 840.4847017802349,0,
337.4591181640929,0,842.3550640684238,243.4526053689682,0,0,1);//matrix_num2
    cv::Mat dist _ coeffs = (cv::Mat _ < double > (1,5) << 0.07006861619896421,
0.09904769788544139,-8.032539238734213e-05,0.003352501001828265,0);//matrix_num2
    cv::Ptr<cv::aruco::Dictionary> dictionary;
    vector<cv::Point2f> marker_center;
    double Zc=0.42;//坐标变换因子(相机坐标系原点到世界坐标平面的距离 init)
    ros::NodeHandle * n_p=NULL;
    tf::TransformBroadcaster * pointer_marker_position_broadcaster;
    void callbackImage(const sensor_msgs::ImageConstPtr& msg);
    void getMarker(cv::Mat& marker_image,vector<cv::Point2f>& marker_center,bool
key);

    int main(int argc,char ** argv)
    {
        ros::init(argc,argv,"axif_tf");
        ros::NodeHandle n;
        n_p=&n;
        tf::TransformBroadcaster marker_position_broadcaster;
        pointer_marker_position_broadcaster=&marker_position_broadcaster;
        image_transport::ImageTransport it_(n);
        image_transport::Subscriber image_sub_=it_.subscribe("/usb_cam/image_raw",
1,callbackImage);
        ros::Rate loop_rate(30);
        while(ros::ok())
        {
            ros::spinOnce();
            loop_rate.sleep();
        }
    }

    void callbackImage(const sensor_msgs::ImageConstPtr& msg)
    {
        cv_bridge::CvImagePtr cv_ptr;//定义一个 CvImagePtr 类型的指针
        try
        {
            cv_ptr=cv_bridge::toCvCopy(msg,sensor_msgs::image_encodings::BGR8);//
从 msg 中得到 ROS 的图像转化为 opencv 格式图像,返回指针
        }
        catch (cv_bridge::Exception& e)
        {
            ROS_ERROR("cv_bridge exception: %s",e.what());
            return;
        }
        getMarker(cv_ptr->image,marker_center,0);
        cv::imshow("callbackImage",cv_ptr->image);
```

```
        cv::waitKey(1);
    }


    void getMarker(cv::Mat& marker_image,vector<cv::Point2f>& marker_center,bool
key)
    {
        vector<int> ids;
        vector< vector<cv::Point2f> > corners;
        vector<cv::Vec3d> rvecs,tvecs;//vector 里面存放的是另一个 vector 这个 vector 存
放的是 3 个双精度数据
        dictionary=cv::aruco::getPredefinedDictionary(cv::aruco::DICT_6X6_250);
        if(! marker_image.empty())
        {
            cv::aruco::detectMarkers(marker_image,dictionary,corners,ids);
            cv::aruco::drawDetectedMarkers(marker_image,corners,ids);
            cv::aruco::estimatePoseSingleMarkers(corners,0.096,camera_matrix,dist_
coeffs,rvecs,tvecs);//rvecs 得到的是相机中的旋转矩阵的返回值,tvecs 得到的是相机中的平移矩
阵的返回值
            if(rvecs.empty()&&tvecs.empty())
            {
                cout<<"no trans"<<endl;
            }
            else
            {
cv::aruco::drawAxis(marker_image,camera_matrix,dist_coeffs ,rvecs,tvecs,0.1);
//画坐标轴
                Zc=tvecs[0][2]-0.025;
                cout<<"深度输出:"<<Zc<<endl;
            }
        }
    }
```

3.7　移动机器人 RViz 与 Gazebo 仿真

EAI 公司的 DashGO D1 是一种以两轮差速为驱动方式的机器人,底盘可实现前进、原地打转、斜向前行等动作。车身装有 4 个超声波传感器用于避障。机器人装配了 EAI Flash Lidar（激光雷达）F4,其具有 360°全方位扫描范围,5~10Hz 自适应扫描频率,每秒 4000 次激光测距。机器人还装配了 Astra 相机,具有 8m 的深度检测范围与 3mm 内的精度误差。DashGO D1 机器人建模图如图 3-55 所示。本节主要介绍 DashGO D1 机器人在 RViz 与 Gazebo 两种仿真工具下的建模与运动控制的实现,并以此为例帮助读者熟悉 ROS 中的 RViz 与 Gazebo 仿真工具。

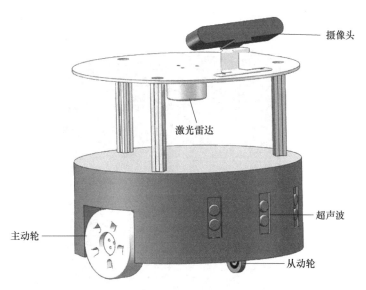

摄像头

激光雷达

超声波

主动轮

从动轮

图 3-55　DashGO D1 机器人建模图

3.7.1　RViz 与 Gazebo 简介

1. RViz 简介

RViz 是一款三维可视化工具，很好地兼容了各种基于 ROS 软件框架的机器人平台。在 RViz 中，可以使用 XML（可扩展标记语言）对机器人、周围物体等任何实物进行尺寸、质量、位置、材质、关节等属性的描述，并将其可视化体现出来。同时，RViz 还可以通过图形化的方式，实时显示机器人传感器的信息、机器人的运动状态、周围环境的变化等。在此基础上，开发者也可以在 RViz 的控制界面下，通过按钮、滑动条、数值等方式，控制机器人的行为。

首先，读者可以先在终端运行 roscore 命令，再开启一个终端，输入以下命令运行 RViz：

```
rosrun rviz rviz
```

RViz 的启动界面如图 3-56 所示。

从图 3-56 中可见，RViz 的界面主要包括以下几个部分：

（1）窗口分区一：3D 显示窗口　3D 显示窗口用于显示机器人模型以及运行效果，如图 3-57 所示。

（2）窗口分区二：工具栏　RViz 的工具栏主要位于 3D 显示窗口的上方，如图 3-58 所示。

1）交互键（Interact）：用于互动 3D 显示窗口，如左键旋转、中键平移等。

2）移动相机（Move Camera）：调整相机视角。

3）选择（Select）：用于选择 3D 显示窗口的部分内容。

4）测量（Measure）：用于获取场景中对象的距离、面积和体积等尺寸信息。

5）2D 位姿估计（2D Pose Estimate）：可以通过该键设置机器人模型的初始位姿。

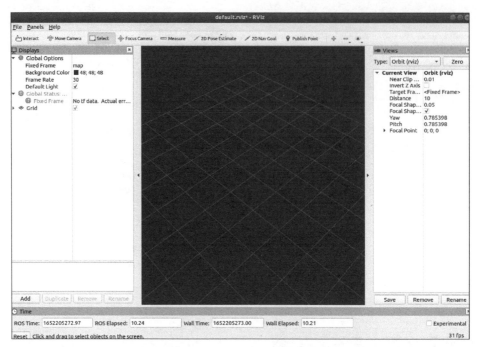

图 3-56　RViz 的启动界面

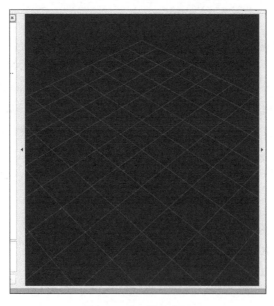

图 3-57　3D 显示窗口

图 3-58　RViz 工具栏

6）2D 导航目标（2D Nav Goal）：设置机器人移动的目标位姿。

（3）窗口分区三：显示栏　显示栏用于订阅已经运行的节点信息，如机器人关节信息、雷达扫描信息、相机 RGB、depth 信息等，如图 3-59 所示。

（4）窗口分区四：视图栏　视图栏用于选择不同类型的摄像头（用于观察），如图 3-60 所示。

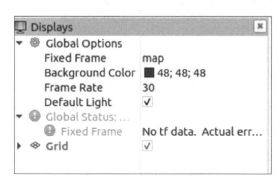

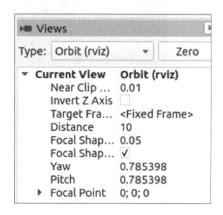

图 3-59　显示栏

图 3-60　视图栏

（5）窗口分区五：复位键　该键位于 RViz 的底部，可实现对机器人模型的复位，使其回到初始状态。

2. Gazebo 简介

Gazebo 是一款机器人的仿真软件，基于 ODE（Open Dynamic Engine）物理引擎规划，常用于机器人的运动学/动力学仿真，包括机械臂与移动机器人的路径规划。读者可直接通过在终端输入 gazebo 来启动该工具。

```
gazebo
```

Gazebo 的启动界面如图 3-61 所示。

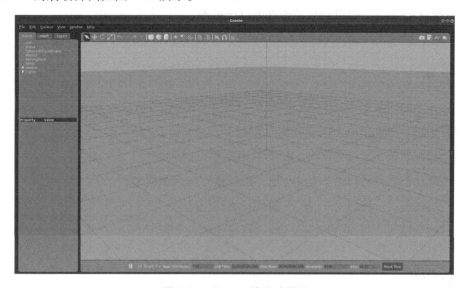

图 3-61　Gazebo 的启动界面

如果在虚拟机中初次运行 Gazebo，可能会由于开启硬件加速而遇到如图 3-62 所示的报错。

图 3-62　Gazebo 运行报错

遇到上述问题时，只需将硬件加速关闭即可，即在虚拟机终端中输入：

echo "export SVGA_VGPU10=0" >> ~/.bashrc

关闭中断后重启 Gazebo 即可解决问题。

下面简要介绍 Gazebo 工作界面的运行窗口及其功能。

（1）窗口分区一：左侧面板　该面板主要用于仿真场景的搭建，如图 3-63 所示。

图 3-63　左侧面板

1）世界（World）：显示当前场景下所有的模型，可以通过该选项查看与修改参数。

2）插入（Insert）：在当前场景下插入新的模块。

3）阶层（Layers）：组织并显示仿真中可用模型。

（2）窗口分区二：顶部工具栏　该面板主要用于仿真场景的浏览，如图 3-64 所示。

图 3-64　顶部工具栏

工具栏中按钮的功能从左向右依次介绍如下。

1）　鼠标状按钮：选择模型，在场景中做标注。

2）　移动模式：可以沿 x、y、z 轴，或任意方向移动模型。

3）　旋转模式：可以沿 x、y、z 轴进行旋转模型。

4）　缩放模式：可以沿 x、y、z 轴进行缩小或放大模型。

5）　撤销。

6）　重做。

7）　放置一个长方体。

8）放置一个球体。

9）放置一个圆柱体。

10）放置点光源（球状点光源）。

11）放置聚光灯（从上而下，金字塔状向下照射）。

12）放置方向性光源（平行光）。

13）复制。

14）粘贴。

15）对齐：将模型彼此对齐。

16）捕捉：将一个模型捕捉到另一个模型。

17）更改视图：从不同的角度看场景。

（3）窗口分区三：底部工具栏　该面板主要用于仿真场景的数据记录与复位，如图 3-65 所示。

图 3-65　底部工具栏

1）播放：根据你的程序，运行仿真。

2）以步长播放（Steps）：按照规定的时长，一步一步运行仿真，默认步长为 1ms。

3）实时因子（Real Time Factor）：模拟时间与真实时间的比率，1 代表实时模拟。

4）模拟时间（Sim Time）：仿真世界度过的时间，可以更快或更慢于真实世界的时间。

5）真实时间（Real Time）：当你看完这句话，真实时间可能过去了 2s。

6）迭代次数（Iterations）：每次迭代都会将模拟推进一个固定的秒数，称为步长。

3.7.2　TF 树的建立

TF（Transform）即坐标变换，包括位置和姿态两方面的变换。请注意区分坐标变换和坐标系变换。坐标变换是一个坐标在不同坐标系下的表示，而坐标系变换是不同坐标系的相对位姿关系。

ROS 中机器人模型包含大量的部件，每一个部件统称为 link（如手部、头部、某个关节、某个连杆），每一个 link 对应着一个 frame（坐标系），用 frame 表示该部件的坐标系，frame 和 link 是绑定在一起的。

坐标变换是机器人系统实现功能非常重要的一环。一个机器人一般会定义多个 link，也就需要同样数量的 frame 来表示位姿，比如基础坐标系（base_link）、驱动轮坐标系（wheel_link）、雷达坐标系（laser_link）等。它们的坐标系中心一般设置在连杆的中心点。

以激光雷达与机器人底盘坐标变换为例，在机器人运行过程中，激光雷达采集到周围障碍物的数据，而这些数据是以激光雷达为原点（base_laser 参考系）下的测量值。如果需要这些数据帮助机器人完成避障功能，但由于激光雷达并不一定在机器人底盘的中心（base_link）之上，会始终存在一个激光雷达与机器人底盘中心的偏差值，所以这时需要采用一种坐标变换，将激光数据从 base_laser 参考系变换到 base_link 参考系下。这两个坐标系之间的变换关系，也称为 TF 坐标变换。

ROS 采用 TF 树描述任意两个坐标系之间的位姿转换关系。TF 树提出了父子坐标系的形式，任意一个坐标系都有一个父坐标系（parent frame）或多个子坐标系（child frame）。在运行过程中要不断更新已有的父坐标系到已有的子坐标系的坐标系变换，从而保证最新的位姿转换关系。作为树状结构，要保证父、子 frame 都有某个节点在持续地发布这两个 frame 之间的位姿关系，才能使树状结构保持完整。只有每一个父、子的 frame 的位姿关系能被正确地发布，才能保证任意两个 frame 之间的连通。

3.7.3　设计基于 URDF 的机器人建模

在介绍了 RViz 与 Gazebo 的基本功能及 TF 树的概念后，本节将主要介绍一种名为 URDF（Unified Robot Description Format）的机器人描述格式，用于仿真环境下机器人建模。它使用 XML 描述机器人的基本结构，如底盘、摄像头、激光雷达、机械臂及不同关节的自由度。描述文件可以被 C++ 内置的解释器转换成可视化的机器人模型，是 ROS 中实现机器人仿真的重要组件。

下面，本节简要介绍两个 URDF 的基本函数 Link（连杆）和 Joint（关节）

1. Link 函数

URDF 中的 link 标签用于描述机器人某个部件（也即刚体部分）的外观和物理属性，如机器人底座、轮子、激光雷达、摄像头等，每一个部件都对应一个 link，在 link 标签内，可以设计该部件的形状、尺寸、颜色、惯性矩阵、碰撞参数等一系列属性，如图 3-66 所示。

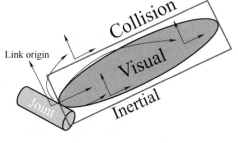

图 3-66　Link 函数

因为包含相关参数过多，因此选择必要参数来讲解。

1）Inertial：用于描述连杆的惯性特性，主要包含 origin（相对于坐标系的惯性参考系的坐标）、mass（质量属性）、inertia（旋转惯性矩阵）。

2）Visual：用于连杆可视化，主要包含 name（连杆名称）、geometry（可视化部件形状）、material（可视化部件材料）。

3）Collision：用于描述连杆的碰撞属性，主要包含 name、origin、geometry。

2. Joint 函数

URDF 中的 joint 标签用于描述机器人关节的运动学和动力学属性，还可以指定关节运动的安全极限，机器人的两个部件（parent link 与 child link）以"关节"的形式相连接，如图 3-67 所示。其中，Joint origin 代表父关节坐标系原点，用于表达当前关节在父关节坐标系下的位姿信息，Chlid frame=Joint frame 为子关节坐标系信息，Joint axis in joint frame 为关节坐标轴朝向信息。不同的关节有不同的运动形式：旋转、滑动、固定、旋转速度、旋转角度限制等。例如，安装在底座上的轮子可以 360°旋转，而摄像头可能完全固定在底座上。

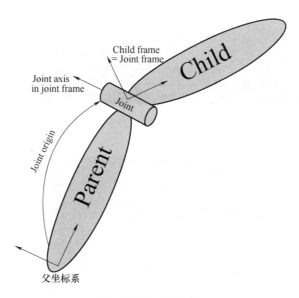

图 3-67　Joint 函数

1）type：用于描述节点类型，有 revolute（可以绕着一个轴旋转的铰链关节，有最大值和最小值限制）、continuous（连续型的铰链关节，可以绕一个轴旋转，没有最大值和最小值限制）、prismatic（滑动关节，可以沿着一个轴滑动，有最大值和最小值限制）、fixed（不是一个实际的关节，因为它无法运动，所有的自由度都被锁定。这种类型的关节不需要指定轴、动力学特征、标度和最大值最小值限制）、floating（具有 6 个自由度的关节）、planar（此关节在一个平面内运动，垂线是运动轴）。

2）Parent：父节点名称。

3）Child：子节点名称。

在简要了解 URDF 基本函数后，在功能包下创建 URDF 文件夹，用于存放以下文件（使用了 Xacro 宏语言进行了代码优化）。

1）my_base. xacro（封装各几何类型的惯性矩阵）。

2）my_body. xacro（包含底盘、主动轮、驱动轮）。

3）my_laser. xacro（雷达支撑与雷达）。

4）my_camera. xacro（相机）。

5）my_add. xacro（集成其余部件）。

3. 机器人建模

下面以 DashGO D1 机器人为例，介绍基于 URDF 的机器人建模过程。

（1）新建功能包，导入依赖　使用 catkin_create 创建新功能包，所需依赖有 urdf、xacro、gazebo_ros、gazebo_ros_control、gazebo_plugins，如图 3-68 所示。

（2）编写 URDF 文件　读者可以在 https://gitee. com/haogeqishi/eaibot-teaching-use 下载 DashGO D1 机器人的相关 URDF 文件，文件名是 eaibot_simulation. zip。

（3）在 launch 文件集成 URDF 与 RViz、Gazebo　在功能包下创建 launch 文件夹，用于存放集成文件 Gazebo. launch，如图 3-69 所示。

图 3-68　导入依赖包

图 3-69　新建 launch 文件

该 launch 文件内容如下：

```
<? xml version="1.0" encoding="UTF-8"? >
<launch>
    <arg name="paused" default="true"/>
    <arg name="use_sim_time" default="false"/>
    <arg name="gui" default="true"/>
    <arg name="headless" default="false"/>
    <arg name="debug" default="true"/>
    <param name="robot_description" command="$(find xacro)/xacro $(find false)/
urdf/my_add.xacro" />
    <node pkg="joint_state_publisher" type="joint_state_publisher" name="joint_
state_publisher" output="screen" />
    <node pkg="robot_state_publisher" type="robot_state_publisher" name="robot_
state_publisher" output="screen" />
    <node pkg="joint_state_publisher_gui" type="joint_state_publisher_gui"
name="joint_state_publisher_gui" output="screen" />
    <include file="$(find gazebo_ros)/launch/empty_world.launch" >
    <arg name="world_name" value="$(find false)/world/room.world" />
    </include>
    <node pkg="gazebo_ros" type="spawn_model" name="model" args="-urdf -model
mycar -param robot_description"/>
    </launch>
```

在此，launch 文件的编写不再赘述。本书主要对以下代码进行修改，以进行 xacro 模型的导入。具体修改的位置如图 3-70 所示。

```
<param name="robot_description" command="$(find xacro)/xacro $(find false)/
urdf/my_add.xacro" />
```

```
1  <?xml version="1.0" encoding="UTF-8"?>
2  <launch>
3    <arg name="paused" default="true">
4    <arg name="use_sim_time" default="false"/>
5    <arg name="gui" default="true"/>
      ...name="headless" default="false"/>
      <arg name="debug" default="true"/>
8    <param name="robot_description" command="$(find xacro)/xacro $(find false)/urdf/my_add.xacro">
9    <node pkg="joint_state_publisher" type="joint_state_publisher" name="joint_state_publisher" output="screen" />
10   <node pkg="robot_state_publisher" type="robot_state_publisher" name="robot_state_publisher" output="screen">
11   <node pkg="joint_state_publisher_gui" type="joint_state_publisher_gui" name="joint_state_publisher_gui" output="screen">
12   <include file="$(find gazebo_ros)/launch/empty_world.launch">
13
14     <arg name="world_name" value="$(find false)/world/room.world">
15   </include>
16
17   <node pkg="gazebo_ros" type="spawn_model" name="model" args="-urdf -model mycar -param robot_description" >
18  </launch>
19
```

图 3-70　修改路径

4. 在 Gazebo 中显示机器人模型

在终端中输入以下命令，以运行 Gazebo.launch，可得到图 3-71 所示的可视化模型。

```
Roslaunch false Gazebo.launch
```

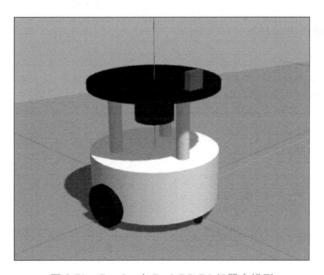

图 3-71　Gazebo 中 DashGO D1 机器人模型

3.7.4　机器人模型仿真控制

本节从机器人底盘的运动控制与激光雷达的数据采集出发，对 3.7.3 节创建的 DashGo D1 机器人模型进行仿真控制。其中，机器人底盘的运动控制可以在 RViz 与 Gazebo 两个软件中分别实现。

1. 在 RViz 中实现机器人模型的仿真控制

（1）安装 Arbotix 仿真模拟器　在终端输入以下命令：

```
sudo apt-get install ros-≪VersionName()≫-arbotix
```

请注意：命令行中≪VersionName（ ）≫为 ROS 版本号。如果无法定位，可采用源码安装。

（2）在功能包中添加 Arbotix 配置文件　在功能包下创建 arbotix 文件夹，如图 3-72 所示。

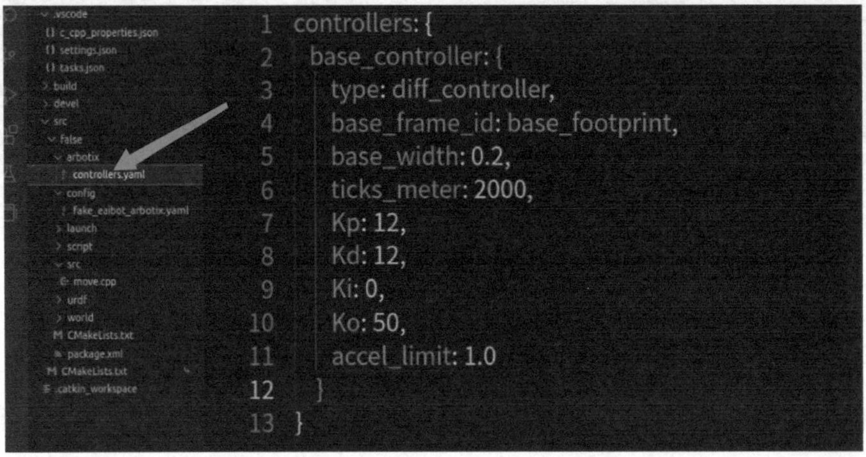

图 3-72　Arbotix 配置文件添加位置

在文件夹中创建内容包括：

```
controllers: {
    base_controller: {
        type: diff_controller,
        base_frame_id: base_footprint,
        base_width: 0.2,
        ticks_meter: 2000,
        Kp: 12,
        Kd: 12,
        Ki: 0,
        Ko: 50,
        accel_limit: 1.0
    }
}
```

（3）在 launch 文件中添加配置文件　在 launch 文件中添加以下内容：

```
<node name="arbotix" pkg="arbotix_python" type="arbotix_driver" output="screen">
    <rosparam file="$(find my_urdf05_rviz)/config/hello.yaml" command="load" />
    <param name="sim" value="true" />
</node>
```

其中，<node>调用了 arbotix_python 功能包下的 arbotix_driver 节点。<rosparam>arbotix 驱动机器人运行时，需要获取机器人信息，可以通过 file 加载配置文件<param>。在仿真环境下，需要配置 sim 值为 true。

注意：将 my_body 中的驱动轮节点的名称替换为 arbotix 的默认驱动节点，如本书中 arbotix 的默认驱动节点为 base_footprint。

修改后的 launch 文件如图 3-73 所示。

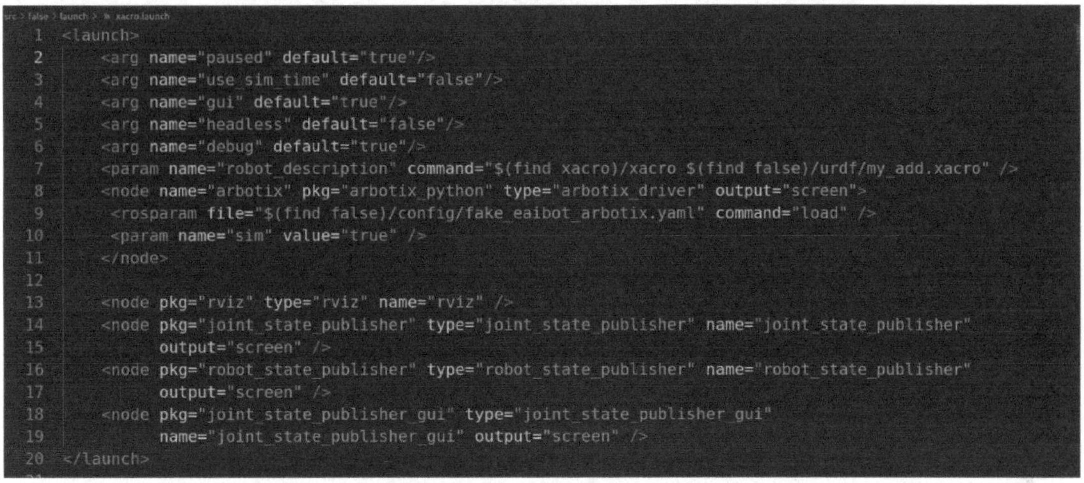

```
1  <launch>
2      <arg name="paused" default="true"/>
3      <arg name="use_sim_time" default="false"/>
4      <arg name="gui" default="true"/>
5      <arg name="headless" default="false"/>
6      <arg name="debug" default="true"/>
7      <param name="robot_description" command="$(find xacro)/xacro $(find false)/urdf/my_add.xacro" />
8      <node name="arbotix" pkg="arbotix_python" type="arbotix_driver" output="screen">
9          <rosparam file="$(find false)/config/fake_eaibot_arbotix.yaml" command="load" />
10         <param name="sim" value="true" />
11     </node>
12
13     <node pkg="rviz" type="rviz" name="rviz" />
14     <node pkg="joint_state_publisher" type="joint_state_publisher" name="joint_state_publisher"
15         output="screen" />
16     <node pkg="robot_state_publisher" type="robot_state_publisher" name="robot_state_publisher"
17         output="screen" />
18     <node pkg="joint_state_publisher_gui" type="joint_state_publisher_gui"
19         name="joint_state_publisher_gui" output="screen" />
20  </launch>
```

图 3-73　增加配置文件后的 launch 文件

（4）实现机器人底盘控制　打开 xacro 文件后，添加/odom 节点，如图 3-74 所示。

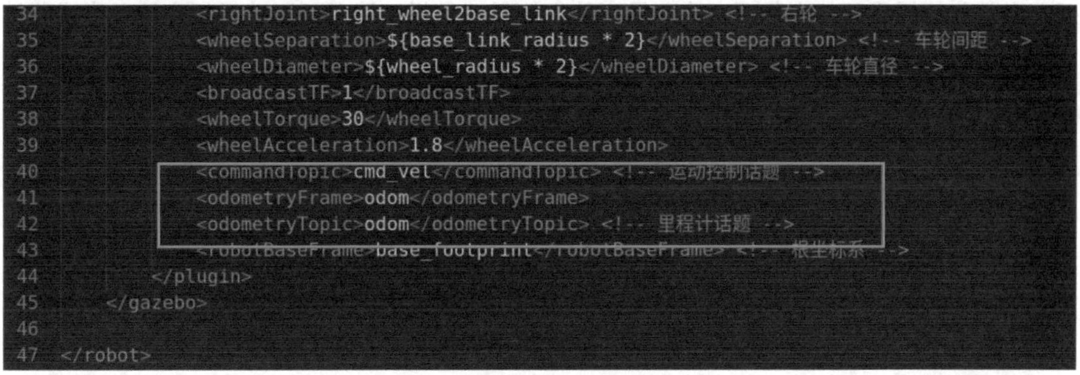

```
34              <rightJoint>right_wheel2base_link</rightJoint> <!-- 右轮 -->
35              <wheelSeparation>${base_link_radius * 2}</wheelSeparation> <!-- 车轮间距 -->
36              <wheelDiameter>${wheel_radius * 2}</wheelDiameter> <!-- 车轮直径 -->
37              <broadcastTF>1</broadcastTF>
38              <wheelTorque>30</wheelTorque>
39              <wheelAcceleration>1.8</wheelAcceleration>
40              <commandTopic>cmd_vel</commandTopic> <!-- 运动控制话题 -->
41              <odometryFrame>odom</odometryFrame>
42              <odometryTopic>odom</odometryTopic> <!-- 里程计话题 -->
43              <robotBaseFrame>base_footprint</robotBaseFrame> <!-- 根坐标系 -->
44          </plugin>
45      </gazebo>
46
47  </robot>
```

图 3-74　添加/odom 节点

新建一个终端，输入以下命令，可以观察到/cmd_vel 节点，如图 3-75 所示。

```
rostopic list
```

最后，读者可以通过键盘上的<I><J><L><>等键，控制机器人底盘前进、后退及转向等运动。

2. 在 Gazebo 中实现机器人模型的仿真控制与雷达数据读取

在 RViz 中实现对 DashGO D1 机器人模型的底盘控制后，介绍在 Gazebo 中如何实现对运动底盘的控制与采集雷达的扫描信息。相比于 RViz 偏向于数据采集与显示的功能，Gazebo 更有利于搭建一个仿真环境。因此，首先介绍下如何在 Gazebo 中创建一个仿真环境。

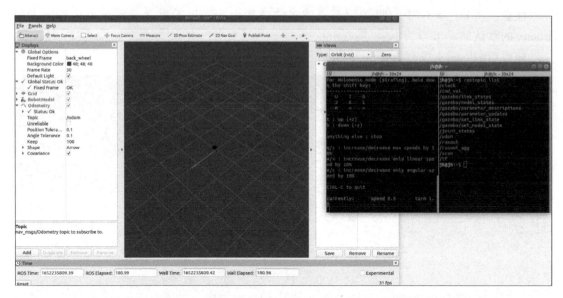

图 3-75　通过 arbotix 实现 DashGO D1 机器人在 RViz 中的运动控制

（1）编辑仿真环境　启动 Gazebo，单击左上角 Edit→Building Editor 后，进入编辑界面，如图 3-76 所示。上半部分是绘制界面，为俯视图；下半部分是部件模型的 3D 显示，可以根据上半部分编辑界面的变化而变换。界面的左侧是工具栏，读者可以选择相应的元素进行墙体模型绘制。

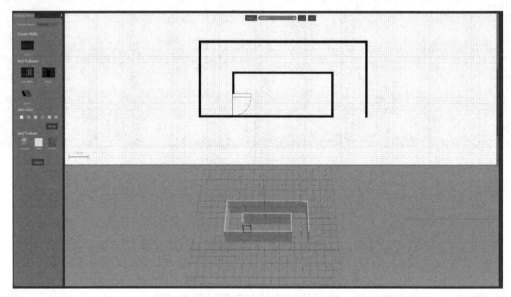

图 3-76　仿真环境模型编辑界面

在仿真环境编辑完成后，单击 File→Save，对模型进行保存，如图 3-77 所示。

在仿真模型保存到设置路径后，后续的仿真实验可以通过 Insert 添加已保存的模型。在退出仿真模型编辑界面后，通过 Gazebo 窗口分区二：顶部工具栏与 Insert 可搭建仿真世界。同样，在仿真世界搭建完成后，单击 File→Save World，即可将世界以 .world 文件格式进行保存。

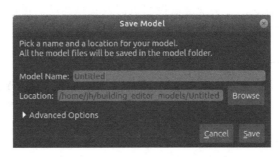

图 3-77　仿真环境模型保存界面

（2）实现雷达数据采集与底盘运动控制　在 3.7.4 节中，在创建的 xacro 文件夹中添加了 move_control. xacro 与 lidar_control. xacro 两个文件。其中，move_control. xacro 用于控制底盘运动，lidar_control. xacro 用于采集雷达信息。在 Gazebo 中进行运动控制不仅可以与虚拟环境互动，也可以在 RViz 中直接查看节点信息。

如图 3-78 所示，将新创建的两个仿真文件链接至 my_add. xacro 文件中。

```
1  <robot name="my_car" xmlns:xacro="http://wiki.ros.org/xacro">
2      <xacro:include filename="my_base.xacro" />
3      <xacro:include filename="my_body.xacro" />
4      <xacro:include filename="my_camera.xacro" />
5      <xacro:include filename="my_laser.xacro" />
6      <xacro:include filename="move_control.xacro" />
7      <xacro:include filename="lidar_control.xacro" />
8  </robot>
9
```

图 3-78　添加仿真文件链接至 my_add. xacro 文件

在终端中，运行 Gazebo. launch 文件，可得到以下仿真结果，如图 3-79 所示。

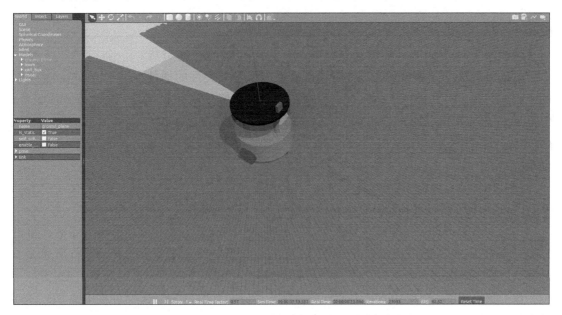

图 3-79　Gazebo 中 DashGO D1 机器人的仿真实现

在终端中运行以下命令，可实现键盘控制机器人底盘运动。可以通键盘上的<I><J><L><K>等键，对机器人进行前进、后退及转向等控制。

```
rosrun teleop_twist_keyboard teleop_twist_keyboard.py
```

新建终端，运行以下命令后，可以清楚地看到/cmd_vel（速度节点）和/scan（雷达扫描发布节点）的信息显示，如图 3-80 所示。

```
rostopic list
```

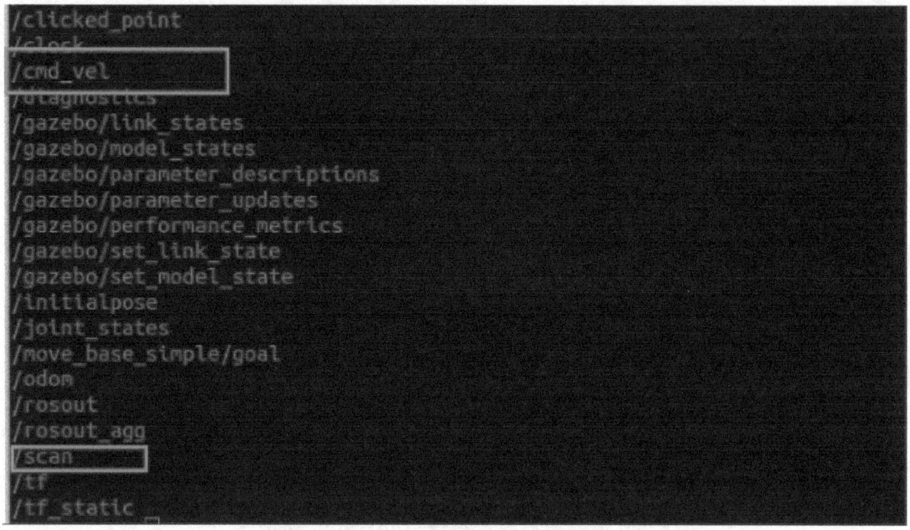

图 3-80　速度节点和雷达扫描发布节点的信息显示

3.7.5　solidworks_urdf_exporter 插件的使用

除了 3.7.3 节介绍的 URDF 文件编辑方法，本节介绍另一种方法。

solidworks_urdf_exporter 是一款用于自动生成 URDF 文件的插件，基于 solidworks 绘制的工程图文件，对其进行坐标插入、节点连接、参数修正（包括惯性矩阵、连杆质量等，但不是必要环节）后便可导出 URDF 文件。可在 https://github.com/ros/solidworks_urdf_exporter/releases 下载（注意对应的 solidworks 版本，各版本之间相对兼容性较差），具体步骤示范如下：

（1）添加节点坐标系　在 solidworks 工具栏中单击"插入"→"参考几何体"→"坐标系"，然后根据零件的几何特征在自己设计的节点上建立坐标系，如图 3-81 所示。

（2）对各个节点关系的建立与各个零件所述关节的确认　在建立所有坐标系后，单击"工具"→"File"→"sw_urdf_exporter 插件"，进行各个节点关系的建立与各个零件所述关节的确认，如图 3-82 所示。

该步骤代替了 URDF 中连杆与节点的详细描述，并且通过 meshes 文件夹中的 STL 零部件文件来渲染模型，达到更加写实、精致的效果。

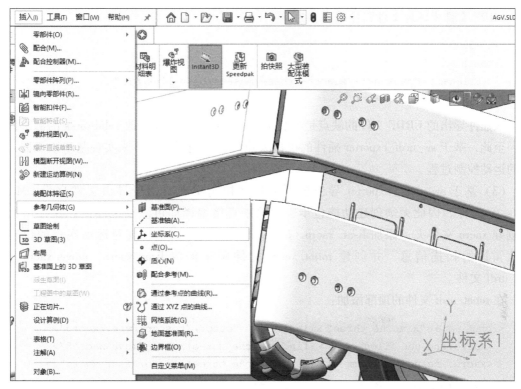

图 3-81　坐标系插入

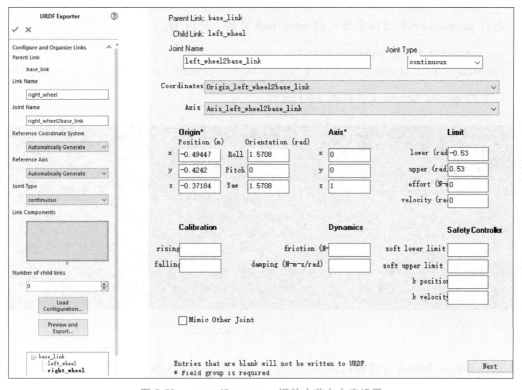

图 3-82　sw_urdf_exporter 插件中节点内容设置

URDF 文件中体现文件路径的内容为：

```
<geometry>
  <mesh
    filename="package://xiaoche_three/meshes/base_link.STL" />
</geometry>
```

该插件导出的 URDF 文件的缺点是封装文件不宜修改，需要修改 solidworks 的源文件才可。至此，基于 sw_urdf_exporter 插件的机器人建模已经完成，接下来实现基于该机器人模型的运动控制过程。

（3）基于 sw_urdf_exporter 导出模型的运动控制实现　由于导出文件自带 CMakeLists. txt 文件，因此无须创建功能包步骤，只须直接编译即可。在编译前，在导出文件下创建 xacro 文件夹，添加 lisar. xacro 与 move. xacro 文件用于实现对运动底盘的控制与采集雷达的扫描信息，并创建 robot. xacro 文件用于集成 lisar. xacro、move. xacro、robot. urdf 文件。

在 robot. urdf 文件的顶部添加：

```
<robot name="xiaoche_three" xmlns:xacro="http://ros.org/wiki/xacro">
  <xacro:include filename="$(find xiaoche_three)/xacro/move.xacro"/>
  <xacro:include filename="$(find xiaoche_three)/xacro/lisar.xacro"/>
```

在文件末尾添加：

```
</robot>
```

再将 gazebo. launch 文件中导入的 robot. urdf 文件，修改为：

```
<param name="robot_description"
command="$(find xacro)/xacro $(find xiaoche_three)/xacro/xiaoche_one.xacro" />
```

完整的 gazebo. launch 文件如图 3-83 所示。

```
src > xiaoche_three > launch > gazebo.launch
<launch>
    <arg name="paused" default="true"/>
    <arg name="use_sim_time" default="false"/>
    <arg name="gui" default="true"/>
    <arg name="headless" default="false"/>
    <arg name="debug" default="true"/>
    <param name="robot_description"
        command="$(find xacro)/xacro $(find xiaoche_three)/xacro/xiaoche_one.xacro" />
    <include
      file="$(find gazebo_ros)/launch/empty_world.launch" />

    <node pkg="gazebo_ros" type="spawn_model" name="model"
        args="-urdf -model mycar -param robot_description"  />
</launch>
```

图 3-83　gazebo. launch 文件

运行 gazebo. launch 文件即可实现全流程，实验结果如图 3-84 所示。

图 3-84　基于 sw_urdf_exporter 导出模型的运动控制实现

3.8　常见问题及解决方法

3.8.1　初始化 rosdep 的几种常见错误

（1）找不到命令（见图 3-85）

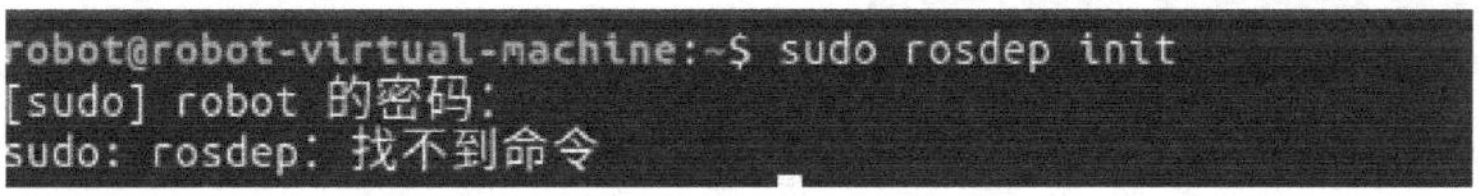

```
robot@robot-virtual-machine:~$ sudo rosdep init
[sudo] robot 的密码:
sudo: rosdep: 找不到命令
```

图 3-85　找不到命令

解决方法：尝试输入以下命令。

```
sudo apt install python-rosdep2
```

再运行 sudo rosdep init，如果出现成功界面，就可以进行下一步。

（2）已存在系统默认的源文件（见图 3-86）

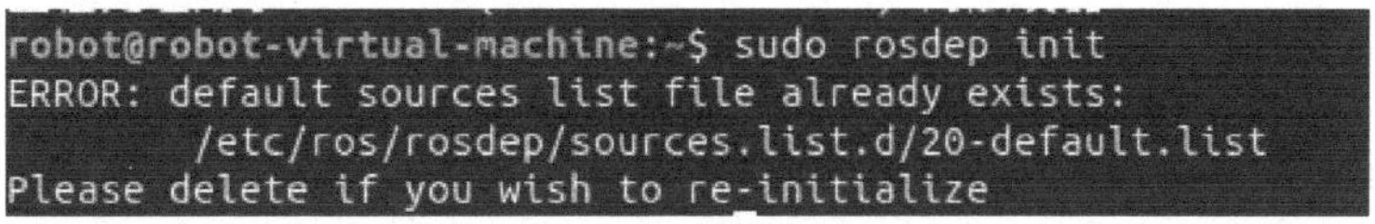

```
robot@robot-virtual-machine:~$ sudo rosdep init
ERROR: default sources list file already exists:
        /etc/ros/rosdep/sources.list.d/20-default.list
Please delete if you wish to re-initialize
```

图 3-86　已存在系统默认的源文件

解决方法：输入以下命令删除这个文件。

```
sudo rm /etc/ros/rosdep/sources.list.d/20-default.list
```

再运行 sudo rosdep init，如果出现成功界面，就可以进行下一步。

如果使用无线网络执行 sudo rosdep init 这条命令超时，可以换成手机热点尝试。

（3）无法下载源文件（见图3-87）

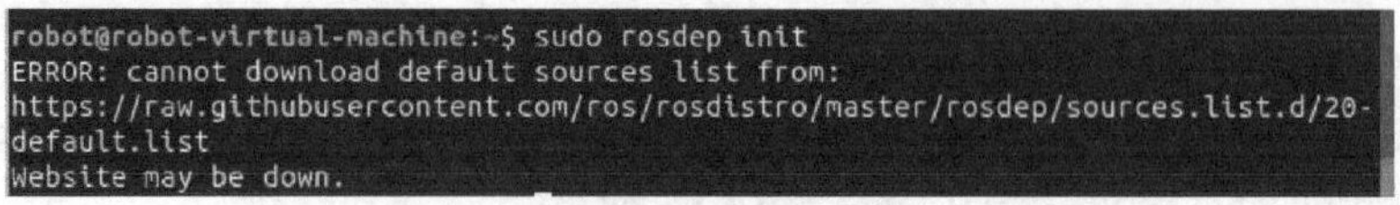

图 3-87　无法下载源文件

解决方法：输入以下命令。

sudo gedit/etc/hosts

然后在打开的 hosts 文件中添加以下内容，如图 3-88 所示，再退出保存。

185.199.109.133 raw.githubusercontent.com

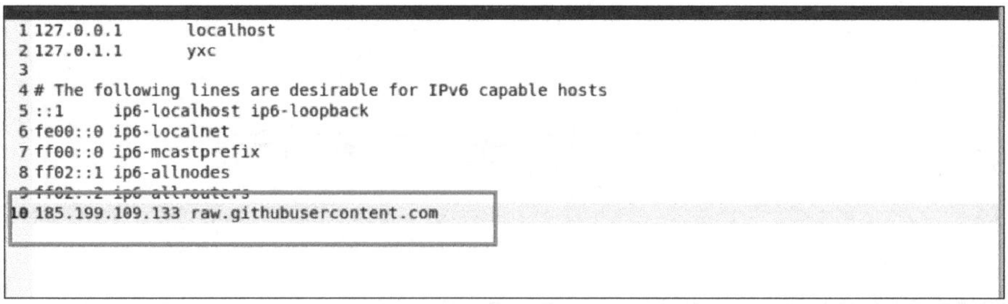

图 3-88　编辑 hosts 文件

3.8.2　roscore 启动常见问题

（1）未找到 roscore 命令（见图3-89）

图 3-89　未找到 roscore 命令

解决方法：按照提示输入如下命令即可。

sudo apt install python-roslaunch

如果出现依赖问题，则重新下载一遍：

sudo apt install ros-melodic-desktop-full

（2）出现 E：Sub-process /usr/bin/dpkg returned an error code（1）：
解决方法：依次执行以下命令。

sudo mv /var/lib/dpkg/info /var/lib/dpkg/info.bk
sudo mkdir /var/lib/dpkg/info

```
sudo apt-get update
sudo apt-get install -f
sudo mv /var/lib/dpkg/info/* /var/lib/dpkg/info.bk
sudo rm -rf /var/lib/dpkg/info
sudo mv /var/lib/dpkg/info.bk /var/lib/dpkg/info
```

具体作用参见：https://blog.csdn.net/stickmangod/article/details/85316142。

（3）出现：unable to configure logging.

解决方法：输入以下命令。

```
source/opt/ros/melodic/setup.bash
```

（4）未找到 roslaunch（见图 3-90）

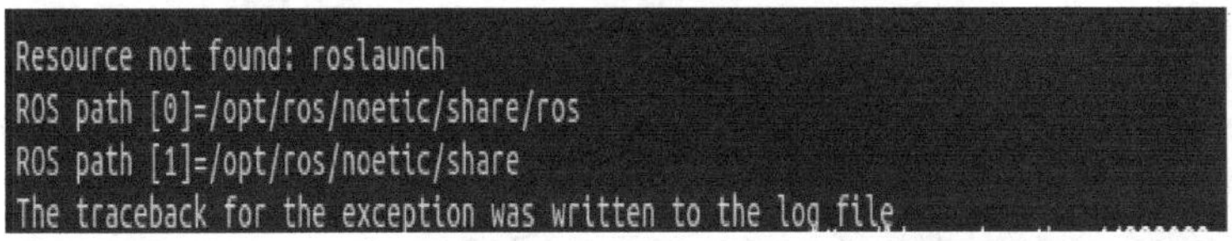

图 3-90　未找到 roslaunch

解决方法：说明之前 ROS 没有装全，重新执行一次以下代码即可。

```
sudo apt install ros-melodic-desktop-full
```

3.8.3　VS Code 无法输入中文

解决方法：在官网下载，Ubuntu 软件商城中的 VS Code 不完整。

3.8.4　调包时找不到包

解决方法：分别输入以下命令刷新环境。

```
echo "source~/catkin_ws/devel/setup.bash">>~/.bashrc
source~/.bashrc
```

3.8.5　未提及的其余问题

请查阅 wiki.ros.org 或 www.csdn.com

3.9　课后习题

1. 简述麦克纳姆轮小车相比于差速轮小车的优缺点。

2. 通过坐标系转换的原理，说明为什么运行 roslaunch turtle_tf turtle_tf_dome.launch 时，一只小乌龟会一直跟随另一只小乌龟跑。

3. 通过 URDF 文件实现 EAI 机器人在 RViz 与 Gazebo 中的仿真模型。

4. 实现 EAI 机器人在 Gazebo 中的运动控制。

第 4 章

基于 EasyDL 的码垛机器人

4.1　项 目 简 介

码垛机器人是一种在外部传感器（通常是相机）引导下，自动对货物进行抓取和顺序摆放的工业机器人，如图 4-1 所示。目前，码垛机器人广泛应用在物流、仓储等领域。它将传统的搬运人员从繁重、恶劣的作业环境中解放出来，可以 24h 不间断工作，有效地提高码垛效率和作业场地的自动化水平。

图 4-1　码垛机器人

本项目采用 Dobot 魔术师机器人，在 USB 单目相机的引导下，实现对不同颜色小木块的分拣和码垛，模拟实际码垛机器人的基本功能，如图 4-2 所示。

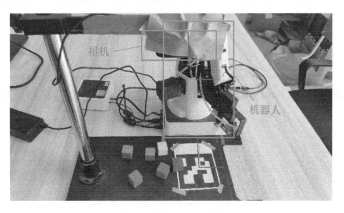

图 4-2　本项目使用的机器人和相机

本项目在 USB 相机获取小木块的图像信息后，通过调用 EasyDL 中已训练好的物体检测模型得到小木块的位置信息，从而引导机器人进行抓取。本项目的整体执行流程如图 4-3 所示。

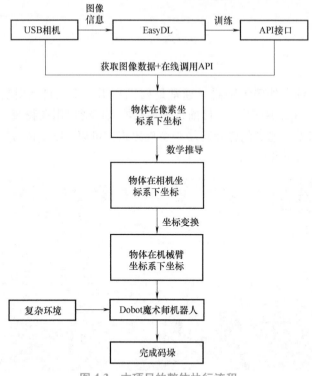

图 4-3　本项目的整体执行流程

4.2　EasyDL 模型的编译与使用

4.2.1　创建模型

进入 EasyDL 的官网（https：//ai.baidu.com/easydl/），单击"立即使用"按钮进行模型选择。本节选择"图像"中的"物体检测"模型，如图 4-4 所示。

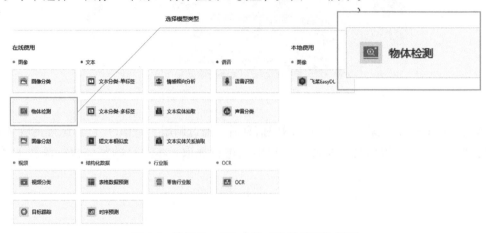

图 4-4　选择 EasyDL 中的"物体检测"模型

首先单击"创建模型",填写"模型名称"等基本信息,如图 4-5 所示。

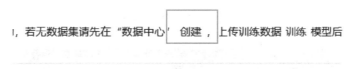

物体检测模型	◁≡	模型列表 > 创建模型
总览		
模型中心		模型类别 物体检测
我的模型		模型名称 * 测试
创建模型		模型归属 公司 个人
训练模型		邮箱地址 * 2**********@qq.com
校验模型		联系方式 * 159****213
发布模型		功能描述 * 用于测试的物体检测模型
EasyData数据服务		
数据总览		11/500
标签组管理		
在线标注		完成
智能标注		
云服务数据回流		
摄像头数据采集		

图 4-5 创建模型步骤

4.2.2 训练模型

在创建模型完成后,需要准备数据集来进行模型训练。单击"创建"进入创建数据集界面,如图 4-6 所示。并"导入"已有的图片数据,如图 4-7 所示。

l,若无数据集请先在"数据中心" 创建, 上传训练数据 训练 模型后

图 4-6 创建数据集

建议读者使用实验中提供的相机拍摄实际场景中的图片,数量在 120 张左右。其中,100 张图片作为训练模型使用,20 张图片作为测试模型使用。图 4-8 所示为本书 USB 相机拍摄的一张图片,包括小木块和 Marker。拍摄实际场景中的照片作为物体检测模型的训练集,对于模型的检测效果是非常重要的。

在上传图片时,选择"无标注信息",导入方式为"本地导入",如图 4-9 所示。

数据集上传完成后,单击"查看与标注",对上传的图片进行标注。这是一个耗时的工作,请保持耐心。在"标签栏"添加标签,如图 4-10 所示。由于本次实验使用了 4 种颜色的小木块,所以本项目添加了 4 类标签"RED""BLUE""GREEN"和"YELLOW"。

图 4-7　导入图片数据

图 4-8　本项目相机拍摄的一张图片

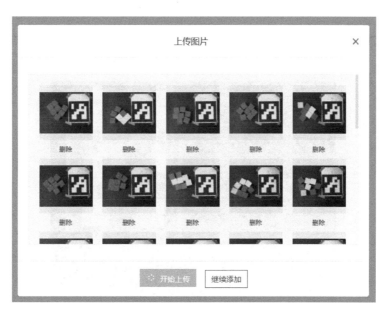

图 4-9 上传图片到数据集

图 4-10 添加标签

接下来，将每一张图片上小木块所在的区域框选出来，并标注对应的标签。图 4-11 所示为第 13 张图片的部分标注结果。图片中框选出 2 个绿色的小木块，并全部打上标签"GREEN"。

用上述方法，对拍摄的 100 张图片都进行了仔细地标注。图 4-12 所示为全部标注完成的数据集。图片的标注质量对于模型的性能非常重要。

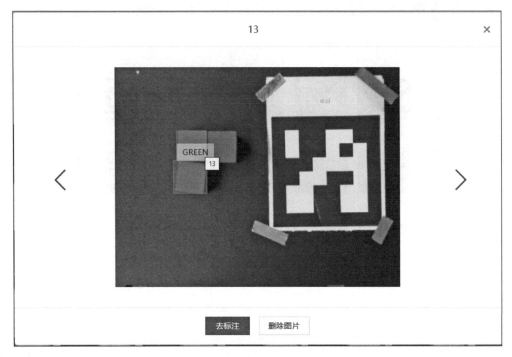

图 4-11　第 13 张图片的部分标注结果

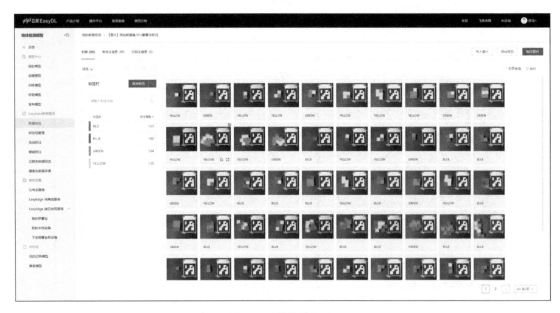

图 4-12　数据集标注

　　在数据集标注结束后，单击"添加训练数据"按钮，选择所创建的数据集，如图 4-13 所示。

　　然后通过 EasyDL 的在线训练平台，利用我们所标注的数据集对物体检测模型进行训练。EasyDL 提供了多种训练环境，此处选择免费的训练环境，如图 4-14 所示。

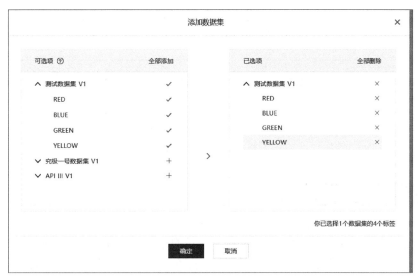

图 4-13 添加自己创建的数据集

图 4-14 选择模型的训练环境

在"我的模型"中，可以看到所选测试模型已经开始训练，如图 4-15 所示。模型的训练时间取决于数据集的大小及模型的复杂程度。本项目的模型花费约 11min 完成训练。

部署方式	版本	训练状态	服务状态	模型效果
公有云API	V1	● 训练中 ⊡	未发布	-

图 4-15　进行训练

4.2.3　模型的校验与发布

模型训练完成后，可以选择 20 张测试用的图片对模型进行校验和测试，以评估模型的物体检测精度。注意：这 20 张测试用的图片不能选自之前用于训练集的 100 张图片。图 4-16 所示为本模型的一次测试结果，测试图片中 4 种颜色的小木块都被准确框出，并且黄色、红色和蓝色小木块的检测置信度大于 99%，绿色小木块的检测置信度大于 96%。

图 4-16　模型检测结果

在模型检测通过后，需要发布模型，以便能够通过在线调用 API 接口的方式完成对该模型的使用。选择模型的"申请上线"，并在"接口地址"处填写属于自己的字符，用以区分其他模型，如图 4-17 所示。提交申请后即可发布模型。

在"公有云服务"选项处选择"控制台"，就可以获得已发布模型的数据信息，如图 4-18 所示。在此处可以查看到已发布的测试模型的相关信息。

在公有云部署的"应用列表"处可以对已发布模型进行应用关联，获得模型对应的 API Key 和 Secret Key，通过 API 方式在线调用该模型，如图 4-19 所示。

图 4-17 提交申请发布模型

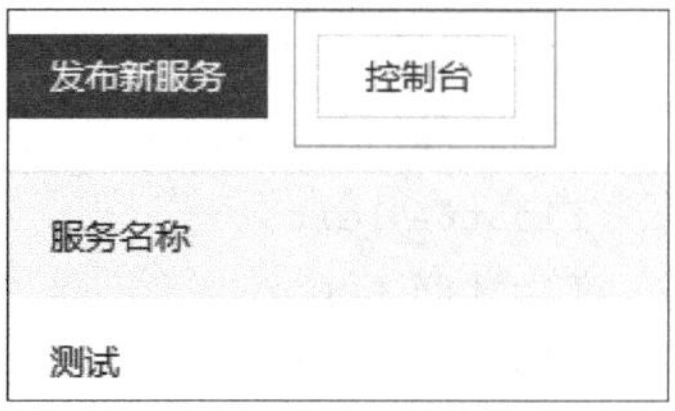

图 4-18 选择控制台查看模型信息

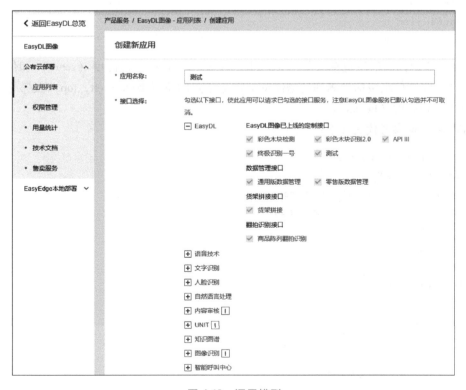

图 4-19 调用模型

最终可以获得该测试模型的 API Key 和 Secret Key，用于在线调用该模型，如图 4-20 所示。

AppID	API Key		Secret Key
25080465	fo7qylbkVdb1Ug2hg5nz66il		******* 显示

图 4-20 API Key 和 Secret Key

4.2.4 木块检测与 API 调用

1. 百度 API 调用

首先创建 msg 文件用于信息的传递，自定义 CubeIfomation. msg 和 pixel_point0. msg。
CubeIfomation. msg 为：

```
string Color
float64 height
float64 left
float64 top
float64 width
```

pixel_point0. msg 为：

```
string name
float64[]red_u
float64[]red_v
```

百度 API 返回的信息包括编号（log_id）、名称（name）、置信度（score）和位置信息（location）。位置信息包括检测到的物体框的左上角点的位置坐标（left，top）及整个框的宽度（width）和高度（height）。

Baidutest. py 参考代码如下：

```
#! /usr/bin/env python
# encoding:utf-8
from __future__ import print_function
from rospy. core import rospyinfo
import urllib2
import base64
import json
import requests
import time
import sys
import rospy
import cv2
from std_msgs. msg import String
from sensor_msgs. msg import Image
```

```python
from cv_bridge import CvBridge,CvBridgeError
from PIL import Image as IM
from opencvtest.msg import CubeIfomation

class image_converter:

  def __init__(self):

    self.image_sub=rospy.Subscriber("/usb_cam/image_raw",Image,self.CallbackO-
bjectdDetection,queue_size=1)                        #usb 相机的回调函数
    self.msg_pub=rospy.Publisher("CubeLocation",CubeIfomation,queue_size=1)
#发布处理的信息
    self.bridge=CvBridge()
    self.key=0


  def CallbackObjectdDetection(self,data):   #存储图像数据的数组,大小为 step×height
                                             个字节
    '''
    easydl 物体检测
    '''
    #丢包函数,用来处理图像发布过快而处理速度过慢的问题
    self.key +=1
    if self.key <200:                            #130~150 之间最好
      return
    self.key=0


    rospy.loginfo("Starting transfer")
    cv_image=self.bridge.imgmsg_to_cv2(data,"bgr8")   #将 msg 消息转换成 cv 图像格式
    cv2.imwrite('/home/xt/桌面/测试集/test1.jpg',cv_image,[int(cv2.IMWRITE_JPEG_
QUALITY),70])                                #将图像存储到本地
    cv2.imshow("Restore Image",cv_image)
    cv2.waitKey(10)
    #百度 API 的调用
    ADD=r"/home/xt/桌面/测试集/test1.jpg"
    #EASYDL 的数据
    request_url = "https://aip.baidubce.com/rpc/2.0/ai_custom/v1/detection/fi-
nallytesting"                                #easydl 的 url
    AK='xxxxxxxxxxxxxxxxxxxx'                 #easydl 的 AK
    SK ='xxxxxxxxxxxxxxxxxxxx'                #easydl 的 SK


    #BML 的数据
    # request_url ="https://aip.baidubce.com/rpc/2.0/ai_custom_bml/v1/detection/
cubeIII"                                     #BML 的 url
    # AK=xxxxxxxxxxxxxxxxxxxx                  #BML 的 AK
    # SK=xxxxxxxxxxxxxxxxxxxx                  #BML 的 SK
```

```
        DIC1='https://aip.baidubce.com/oauth/2.0/token? grant_type=client_credent-
ials&client_id='
        DIC2='&client_secret='
        host='https://aip.baidubce.com/oauth/2.0/token? grant_type=client_credent-
ials&client_id=【官网获取的AK】&client_secret=【官网获取的SK】'
        host=DIC1+AK+DIC2+SK

        with open(ADD,'rb') as f:
            base64_data=base64.b64encode(f.read())
            s=base64_data.decode('UTF8')

        params={"image": s}
        params=json.dumps(params)
        response=requests.get(host)

        access_token=response.json()['access_token']
        request_url=request_url + "? access_token=" + access_token
        request=urllib2.Request(url=request_url,data=params)
        request.add_header('Content-Type','application/json')
        response=urllib2.urlopen(request)
        content=response.read()                    #此时的content是字符串类型的数据

        Cubecolor='YELLOW'
        AnotherCube='GREEN'
        rate=rospy.Rate(10000)
        Dict_content=json.loads(content)           #将字符串类型的数据转换成字典类型
        Value_result=Dict_content['results']       #此时result键对应的键值的类型是列表类型
        #寻找红色木块
        for i in range(len(Value_result)):
          if Value_result[i]['name']==Cubecolor:
            #发布消息
            msg=CubeIfomation()
            msg.Color=Cubecolor
            msg.height=Value_result[i]['location']['height']
            msg.left=Value_result[i]['location']['left']
            msg.top=Value_result[i]['location']['top']
            msg.width=Value_result[i]['location']['width']
            self.msg_pub.publish(msg)
            rospy.loginfo(msg)                     #发布msg
            break

          elif Value_result[i]['name']==AnotherCube:
                                        #第二种颜色即第二层木块的数据代码
            msg=CubeIfomation()
            msg.Color=AnotherCube
            msg.height=Value_result[i]['location']['height']
```

```python
      msg.left=Value_result[i]['location']['left']
      msg.top=Value_result[i]['location']['top']
      msg.width=Value_result[i]['location']['width']
      self.msg_pub.publish(msg)
      rospy.loginfo(msg) #发布 msg
      break


    # rate.sleep()
    rospy.loginfo("Ending transfer")
      # self.Flag1=True


def main(args):
  ic=image_converter()
  rospy.init_node('image_converter',anonymous=True)
  try:
    rospy.spin()

  except KeyboardInterrupt:
    print("Shutting")

if __name__=='__main__':
  main(sys.argv)
```

注意：上述代码中的 AK 和 SK 部分需要自行进行模型训练获取！

2. 木块中心点坐标计算

木块中心点的坐标计算通过 Sorting 函数实现，Sorting.cpp 参考代码如下：

```cpp
/ ************** ROS **************************************** /
#include<ros/ros.h>
#include<cv_bridge/cv_bridge.h>
#include<image_transport/image_transport.h>
#include<sensor_msgs/image_encodings.h>
/ ************** OPENCVLIBRARIES ************************** /
#include<opencv2/core/core.hpp>
#include<opencv2/imgproc/imgproc.hpp>//新式 C++风格图像处理函数
#include<opencv2/highgui/highgui.hpp>//C++风格的显示、滑动条鼠标及输入输出相关
#include<opencvtest/pixel_point0.h>
#include<opencvtest/CubeIfomation.h>
#include<iostream>
using namespace std;

static const string OPENCV_WINDOW="color _distinguish";
cv::Mat binary;
```

```
vector<cv::Vec4i> hierarcy;
vector<cv::Rect> rect;
cv_bridge::CvImagePtr cv_ptr;

class ImageConverter
{
private:
  ros::NodeHandle nh_;
  image_transport::ImageTransport it_;          //定义一个 image_transport 实例
  image_transport::Subscriber image_sub_;       //定义 ROS 图象接收器
  image_transport::Publisher image_pub_;        //定义 ROS 图象发布器
  ros::Publisher center_point_pub_;
  opencvtest::pixel_point0 msgs;

public:
  ImageConverter(): it_(nh_)// 初始化列表
  {
    image_sub_=it_.subscribe("/usb_cam/image_raw",1,&ImageConverter::imageCb,
this);    //订阅节点,该节点在 USB_cam/image_raw 中发布
    ros::Subscriber BaiduSub=nh_.subscribe("CubeLocation",1,&ImageConverter::
BaiduLocation,this);
    //订阅 Baidutest.py 发过来的坐标
    center_point_pub_=nh_.advertise <opencvtest::pixel_point0> ("pixel_center_
axif",1000);
    //话题名称和接受队列缓存消息条数
    cv::namedWindow(OPENCV_WINDOW);
    ros::spin();

  }
  ~ImageConverter()
  {
    cv::destroyWindow(OPENCV_WINDOW);
  }

  void process(cv_bridge::CvImagePtr& cv_ptr,vector<cv::Rect>& rect)
  {
    cv::Mat drawmap=cv_ptr->image.clone();//画布
    cv::Mat clone=cv_ptr->image.clone();
    int num=1;
    int j=0;

    vector<cv::Rect> RECT;
    RECT.push_back(rect[0]);
    cv::rectangle(drawmap,RECT[RECT.size()-1],cv::Scalar(0,0,255),3);
    msgs.red_u.push_back(0.5 * (RECT[RECT.size()-1].tl().x+RECT[RECT.size()-1].br
().x));
```

```
        msgs.red_v.push_back(0.5*(RECT[RECT.size()-1].tl().y+RECT[RECT.size()-1].br
().y));
        cv::circle(drawmap,cv::Point2d(msgs.red_u[j],msgs.red_v[j]),1,cv::Scalar
(255,0,0),15);
        cv::imshow(OPENCV_WINDOW,drawmap);
        cv::waitKey(1);
    }
    void imageCb(const sensor_msgs::ImageConstPtr& msg)
    {
      //cv_bridge::CvImagePtr cv_ptr;
      try
        {
          cv_ptr=cv_bridge::toCvCopy(msg,sensor_msgs::image_encodings::BGR8);
          //将 ROS 格式的图像转化为 OpenCV 格式图像,然后用 OpenCV 来进行操作,返回指针,BGR8
带有彩色顺序并且颜色的顺序是 BGR 的顺序
        }
      catch (cv_bridge::Exception& e)
        {
          ROS_ERROR("cv_bridge exception: %s",e.what());
          return;
        }


    }
    void BaiduLocation(const opencvtest::CubeIfomation::ConstPtr& MSG)
    {

      int x=int(MSG->left);
      int y=int(MSG->top);
      int width=int(MSG->width);
      int height=int(MSG->height);
      rect={cv::Rect(x,y,width,height)};
      ROS_INFO("area is: %d",rect[0].area());
      process(cv_ptr,rect);
      center_point_pub_.publish(msgs);
      msgs.red_u.clear();//清理消息,为更新 msgs 做准备
      msgs.red_v.clear();
    }

};
int main(int argc,char** argv)
{
  ros::init(argc,argv,"color_distinguish");
  ImageConverter ic;
  ros::spin();
  return 0;
}
```

由此能够计算出相机像素坐标系下木块的中心点坐标，并将其以 pixel_center_axif 的话题名称发布。

4.3 Dobot-demo 的编译和使用

4.3.1 预备知识

Dobot 魔术师机器人的官方开发包可于网上下载，如图 4-21 所示。

图 4-21　下载开发包

选择此功能包进行下载，将其解压后的功能包置于创建好的工作空间内，打开终端后执行代码：

```
cd ~/catkin_ws/src
```

编译 Dobot Demo：

```
cd ~/catkin
catkin_make
```

4.3.2 回零函数

Service 是 ROS 的一种双向通信机制，在本节点通过 Service 的形式调用了官方 Dobot 的 API 接口，将所有需要使用的服务通过该节点以服务器的形式进行发布。

例如 SetHOMECmd，通过查看 API 接口说明可以得到该接口说明表 4-1。

表 4-1　执行回零功能接口说明表

函数原型	int SetHOMECmd（HOMECmd * homeCmd, bool isQueued, uint64_t * queuedCmdIndex）
功能	执行回零功能。在调用该接口前如果未调用 SetHOMEParams 接口，则表示直接回零至系统设置的位置；如果调用了 SetHOMEParams 接口，则回零至用户自定义位置
参数	HOMECmd 定义：typedef struct tagHOMECmd｛uint32_t reserved｝ homeCmd：HOMECmd 指针 isQueued：是否将该命令加入命令队列中 queuedCmdIndex：若选择将命令加入队列，则表示命令在队列的索引号。否则，该参数无意

（续）

	DobotCommunicate_NoError：命令正常返回
返回	DobotCommunicate_BufferFull：命令队列已满
	DobotCommunicate_Timeout：命令无返回，导致超时

可以看出，API 接口 SetHOMECmd 参数有 3 个，分别是 * homeCmd、isQueued 和 * queuedC-mdIndex，因此可以从 DobotServer 中观察 SetHOMECmdService 服务回调函数和对应的发布服务函数。

1）服务回调函数：该服务回调函数，接受请求 req 进入该回调函数执行 SetHOMECmd API，即实现归零操作，并返回 res。

```
bool SetHOMECmdService(dobot::SetHOMECmd::Request &req,dobot::SetHOMECmd::Re-
sponse &res)
{
    HOMECmd cmd;
    uint64_t queuedCmdIndex;

    res.result=SetHOMECmd(&cmd,true,&queuedCmdIndex);
    if (res.result==DobotCommunicate_NoError) {
        res.queuedCmdIndex=queuedCmdIndex;
    }

    return true;
}
```

2）服务发布函数：advertiseService 具有发布服务的功能，第一个参数为发布服务的名称，第二个参数为发布服务的回调函数类型（即上文中的服务回调函数）。

```
void InitHOMEServices (ros::NodeHandle &n,std::vector< ros::ServiceServer >
&serverVec)
{
    ros::ServiceServer server;

    server=n.advertiseService("/DobotServer/SetHOMECmd",SetHOMECmdService);
    serverVec.push_back(server);
}
```

3）客户端订阅函数：serviceClient 为客户端订阅服务，代码行为

```
client=n.serviceClient<dobot::SetHOMECmd>("/DobotServer/SetHOMECmd");
```

指的是客户端 client 订阅了名为 "/DobotServer/SetHOMECmd" 的服务，与 2）中发布的服务相对应。定义 srv 及其对应的参数（该例程中无须设置），然后调用 client.call（）函数。这整个过程是对服务 server 的请求与调用。

在 catkin_ws/src/dobot 的 src 下新建 gohome.cpp，如图 4-22 所示。

图 4-22　新建 gohome. cpp

```
#include "ros/ros. h"
#include "std_msgs/String. h"
#include "dobot/SetHOMEParams. h"
#include "dobot/GetHOMEParams. h"
#include "dobot/SetHOMECmd. h"

int main(int argc,char ** argv)
{
    ros::init(argc,argv,"DobotClient_gohome");
    ros::NodeHandle n;
    ros::ServiceClient client;
    client=n. serviceClient<dobot::SetHOMECmd>("/DobotServer/SetHOMECmd");
    dobot::SetHOMECmd srv;
    client.call(srv);
    if (client.call(srv)==false) {
        ROS_ERROR("Failed to GOHOME");
        return -1;
    }
    return 0;

}
```

创建完 gohome. cpp 文件后，需要在 CMakelists. txt 中添加：

```
add_executable(gohome src/gohome. cpp)
```

```
target_link_libraries(gohome ${catkin_LIBRARIES})
add_dependencies(gohome dobot_gencpp)
```

ROS 的通信机制服务是双向的，1)、2) 部分代码实现了服务 server 的发布，3) 是客户端 client 对服务的请求 req 与调用，这几部分代码构成了一个服务的发布与订阅调用。

4.3.3　实验过程

首先需要完成 Dobot 的 demo 的编译。编译完成之后，用 USB 端口连接机械臂，开启电源，按住机械臂上的解锁键手动移动机械臂至工作空间之内（即指示灯为绿）。打开终端后寻找机械臂的设备端口号，默认格式为 ttyUSBx，在终端中输入：

```
ls /dev/ttyUSB
```

按下 <Tab> 键进行自动补全，即可看到机械臂的端口号，如图 4-23 所示。

图 4-23　查看端口号

设备端口号本质上是一个文件，但是默认属性为可读，而对机械臂的控制需要写操作，因此需要通过 chmod 命令改变该文件的可读写属性：

```
sudo chmod 666 /dev/ttyUSB0
```

这代表着现在可以对该文件进行读写操作，因此改变该文件后，可以用 rosrun 打开 DobotServer 来发布任务：

```
roscore
rosrun dobot DobotServer ttyUSB0
```

通过 rosrun 运行节点时需要 roscore 对全局信息进行统筹，因此必须保证 roscore 的运行，如图 4-24 所示。

图 4-24　运行结果

然后运行 gohome，即可实现归零操作：

```
rosrun dobot gohome
```

在将机械臂归零后，重新打开一个终端作为客户端的节点，使用 rosrun 命令运行 dobot 包中的 DobotClient_JOG 命令。

```
rosrun dobot DobotClient_JOG
```

执行完该命令后，可以使用键盘控制 Dobot，功能见表 4-2。

表 4-2　键盘控制表

按键	方向
W	向前
S	向后
A	向左
D	向右
U	向上
I	向下
J	逆时针旋转
K	顺时针旋转
其他按键	停止

在运行完上述语句后，当按<W><A><S><D>等键无反应时，可能是键盘按键的 ASCII 码值与 Demo 中设置的 ASCII 码值不一致，可以在 src 文件更改相应按键的 ASCII 码值，如图 4-25 所示。

```
DobotClient_JOG.cpp ×
dobot › src › DobotClient_JOG.cpp › keyboardLoop(ros::NodeHandle &)
 1  #include "ros/ros.h"
 2  #include "std_msgs/String.h"
 3  #include "dobot/SetCmdTimeout.h"
 4  #include "dobot/SetJOGCmd.h"
 5  #include <cstdlib>
 6
 7  #include <termios.h>
 8  #include <signal.h>
 9  #include <math.h>
10  #include <stdio.h>
11  #include <stdlib.h>
12  #include <sys/poll.h>
13
14  #include <boost/thread/thread.hpp>
15  #include <ros/ros.h>
16  #include <geometry_msgs/Twist.h>
17
18  #define KEYCODE_W 0x57
19  #define KEYCODE_A 0x41
20  #define KEYCODE_S 0x53
21  #define KEYCODE_D 0x44
22  #define KEYCODE_U 0x55
23  #define KEYCODE_I 0x49
24  #define KEYCODE_J 0x4A
25  #define KEYCODE_K 0x4B
26
27  int kfd = 0;
28  struct termios cooked, raw;
29
30  void keyboardLoop(ros::NodeHandle &n)
31  {
```

图 4-25　按键的 ASCII 码值

也可以在客户端按<Ctrl+C>键停止 JOG 程序后，测试其他命令，例如执行 PTP 命令。

```
rosrun dobot DobotClient_PTP
```

执行该命令后，Dobot 会自动沿着 X 轴来回运动。

Dobot 代码说明：

本实例采用命令队列模式。Demo 的目录结构如图 4-26 所示，其中 CMakeLists.txt 为编译所需文件。

图 4-26 目录结构图

在 ROS 中常用的通信方式有 4 种：Topic、Service、Parameter Service 和 Actionlib。

本示例采用 Service（服务）（查询式的通信模型）。Service 通信是双向的，采用 Request/Reply（请求/应答）模式完成服务通信，其通信方式如图 4-27 所示。

图 4-27 通信方式图

本示例中的 Service 编程流程如图 4-28 所示。

创建服务端文件（DobotServer. cpp）流程图如图 4-29 所示。

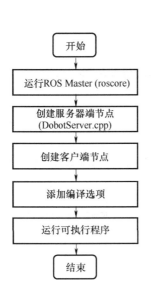

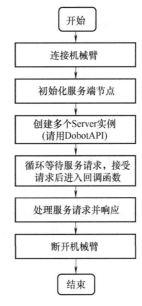

图 4-28 Service 编程流程图　　　　　图 4-29 服务端文件流程图

（1）加载 ROS 和 Dobot 动态库

```
#include "ros/ros.h"                          //加载 ROS 头文件
#include "std_msgs/String.h"
#include "std_msgs/Float32MultiArray.h"
#include "DobotDll.h"                         //加载 Dobot 动态库头文件
```

（2）连接机械臂

```
if (argc < 2)
{
    ROS_ERROR("[USAGE]Application portName");
    return -1;
}
printf("--------%s",argv[1]);//根据获取的串口信息连接机械臂

int result=ConnectDobot(argv[1],115200,0,0);//初始化服务端节点
ros::init(argc,argv,"DobotServer");          //初始化服务端节点并命名为 DobotServer
ros::NodeHandle n;                           //创建节点句柄
```

（3）创建 Server 实例

```
//创建 Server 容器
std::vector<ros::ServiceServer> serverVec;
//初始化 Server 实例,并在对应的初始化函数中注册回调函数
InitCmdTimeoutServices(n,serverVec);
InitDeviceInfoSeivices(n,serverVec);
InitPoseServices(n,serverVec);
InitAlarmsServices(n,serverVec);
InitHOMEServices(n,serverVec);
InitEIOServices(n,serverVec);
InitQueuedCmdServices(n,serverVec);

......

void InitQueuedCmdServices(ros::NodeHandle &n,std::vector<ros::ServiceServer>
&serverVec)
{
    ros::ServiceServer server;
    //注册回调函数
    server=n.advertiseService("/DobotServer/SetQueuedCmdStartExec",SetQueued-
CmdStartExecService);
    serverVec.push_back(server);
    server=advertiseServise("/DobotServer/SetQueuedCmdStopExec",SetQueuedCmd-
StopExecService);
    serverVec.push_back(server);

    ......
}
```

（4）循环等待服务请求消息，接收到消息后进入回调函数

```
ROS_INFO("Dobot service running...");
ros::spin();
```

（5）处理服务请求并响应

```
bool SetQueuedCmdStartExecService(dobot::SetQueuedCmdStartExec::Request& req,
dobot::SetQueuedCmdStartExec::Response& res)
{
    res.result=SetQueuedCmdStartExec();
    return true;
}
```

（6）断开机械臂

```
ROS_INFO("Dobot service exiting...");
DisconnectDobot();
```

创建客户端文件（以 DobotClient_PTP.cpp 为例）流程图如图 4-30 所示。

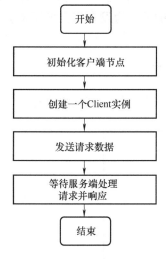

图 4-30　客户端文件流程图

（1）初始化客户端节点

```
ros::init(argc,argv,"DobotClient");    //初始化客户端节点并命名为 DobotClient
ros::NodeHandle n;                      //创建节点句柄
```

（2）创建 Client 实例，发出服务请求，等待服务端处理请求并响应

```
ros::ServiceClient client;              //创建 Client 实例:client
......
//Set PTP common parameters
do {
    //创建 Client,请求 DobotServer 节点下的 SetPTPCommonParams 服务
    //服务消息类型为 dobot::SetPTPCommonParams
```

```
    client = n. serviceClient < dobot::SetPTPCommonParams > ("/DobotServer/SetPTP-
CommonParams");
    dobot::SetPTPCommonParams srv;
    srv. request. velocityRatio=50;
    srv. request. accelerationRatio=50;//发送服务请求,等待 Server 处理并响应
    client. call(srv);
} while (0);
```

4.4　TF 树的发布与坐标变换

4.4.1　坐标系变换的基础知识

　　TF 树的发布本质是坐标系之间变换关系的发布。向 TF 空间发布多坐标系之间的关系后, 即可组成这些坐标系的 TF 树, 即任意一坐标系下的坐标可通过已发布的 TF 树转换到另外一个坐标系下。因此本实验的重点为发布相机坐标系、世界坐标系及机械臂基坐标系之间的关系。

1. 从世界坐标系到相机坐标系

　　世界坐标系通过 $[R|T]$ 矩阵即可转变到相机坐标系, 如图 4-31 所示。

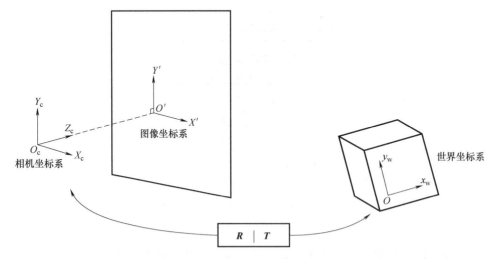

图 4-31　世界坐标系到相机坐标系的变换

$$\begin{bmatrix} x_c \\ y_c \\ z_c \end{bmatrix} = R \begin{bmatrix} x_w \\ y_w \\ z_w \end{bmatrix} + T \tag{4-1}$$

式中, R 为旋转矩阵; T 为平移矩阵, 也可称为偏移向量; x_c、y_c、z_c 为某点在相机坐标系

中的坐标；x_w、y_w、z_w 为该点在世界坐标系中的坐标。

2. 从相机坐标系到图像坐标系

由图 4-32 可知相机坐标系与图像坐标系之间的关系。

$$\frac{z_c}{f}=\frac{x_c}{x'}=\frac{y_c}{y'} \Rightarrow \begin{cases} x'=f\dfrac{x_c}{z_c} \\[3mm] y'=f\dfrac{y_c}{z_c} \end{cases} \tag{4-2}$$

根据相似三角形知识，能够得到相机坐标系与图像坐标系之间的转换关系，此时的 f 是相机的焦距，属于相机的内参，在相机标定时获得。

3. 从图像坐标系到像素坐标系

$$\begin{cases} u=\dfrac{x'}{d_x}+u_0 \\[3mm] v=\dfrac{y'}{d_y}+v_0 \end{cases} \Rightarrow \begin{bmatrix} u \\ v \\ 1 \end{bmatrix} = \begin{bmatrix} \dfrac{1}{d_x} & 0 & u_0 \\[3mm] 0 & \dfrac{1}{d_y} & v_0 \\[3mm] 0 & 0 & 1 \end{bmatrix} \begin{bmatrix} x' \\ y' \\ 1 \end{bmatrix} \tag{4-3}$$

图像坐标系与像素坐标系位于同一个平面，但图像坐标系原点对应的是相机的光心位置，而像素坐标系的原点位于平面的左上角 O 处，因此需要再一次的坐标变换，d_x 表示每个像素沿 X 轴实际的物理尺寸，d_y 表示每个像素沿着 Y 轴的实际尺寸，如图 4-33 所示。

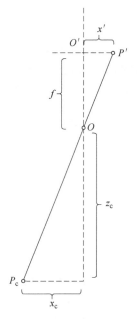

图 4-32　相机坐标系到图像
坐标系的变换

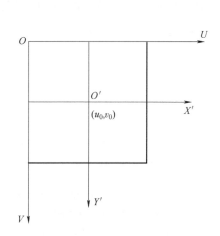

图 4-33　图像坐标系到
像素坐标系的变换

4. 从世界坐标系到像素坐标系

$$z_c\begin{bmatrix} u \\ v \\ 1 \end{bmatrix} = \begin{bmatrix} \dfrac{f}{d_x} & 0 & u_0 \\ 0 & \dfrac{f}{d_y} & v_0 \\ 0 & 0 & 1 \end{bmatrix}\begin{bmatrix} x_c \\ y_c \\ z_c \end{bmatrix} = \begin{bmatrix} f_x & 0 & u_0 \\ 0 & f_y & v_0 \\ 0 & 0 & 1 \end{bmatrix}\begin{bmatrix} x_c \\ y_c \\ z_c \end{bmatrix} = \begin{bmatrix} f_x & 0 & u_0 \\ 0 & f_y & v_0 \\ 0 & 0 & 1 \end{bmatrix}\left(R\begin{bmatrix} x_w \\ y_w \\ z_w \end{bmatrix} + T\right) \tag{4-4}$$

将上述坐标系关系进行整合，最终可得世界坐标系到像素坐标系之间的转换。

5. 从世界坐标系到机械臂基座坐标系

世界坐标系到机械臂基坐标系的变换关系发布即机械臂的标定。木块真实棱长为2.5cm，吸盘可吸取半径在距离吸盘中心0.5cm半径圆内，因此允许的最大误差为±0.01cm，所以仅在本实验中，采用人工标定的方式获得世界坐标系到机械臂基坐标系的 **RT** 矩阵。

机械臂基坐标系原点在底座平面的正中心，底座平面边长为15.8cm，原点所在高度为13.8cm，而 Marker 的原点在二维码的正中心，因此只要 Marker 和基座固定之后，世界坐标系到机械臂基坐标系就有一个固定的 **RT** 变换关系，可直接通过米尺来进行测量。

4.4.2　实验过程

首先将图像转换为 OpenCV 可使用的 RGB8 格式。

```
cv_ptr=cv_bridge::toCvCopy(msg,sensor_msgs::image_encodings::BGR8);
```

1. 从相机坐标系到世界坐标系（相机外参标定）

这一部分为相机的外参标定，即获得 **RT** 矩阵。在本实验中将 Marker 的坐标系视为世界坐标系，因此标定 Marker 和相机的关系就是标定世界坐标系和相机坐标系的关系。

（1）**RT** 矩阵计算（计算世界坐标系与相机坐标系之间的变换）

```
void getMarker(cv::Mat& marker_image,vector<cv::Point2f>& marker_center,bool
key)
{
    vector<int> ids;
    vector< vector<cv::Point2f> > corners;
    vector<cv::Vec3d> rvecs,tvecs;
    dictionary=cv::aruco::getPredefinedDictionary(cv::aruco::DICT_6X6_250);
    if(! marker_image.empty())
    {
        cv::aruco::detectMarkers(marker_image,dictionary,corners,ids)
        cv::aruco::drawDetectedMarkers(marker_image,corners,ids);
        cv::aruco::estimatePoseSingleMarkers(corners,0.096,camera_matrix,dist_
coeffs,rvecs,tvecs);
        if(rvecs.empty()&&tvecs.empty())
        {
```

```
        cout<<"no trans"<<endl;
    }
    else
    {
        cv::aruco::drawAxis(marker_image,camera_matrix,dist_coeffs,rvecs,
tvecs,0.1);//画坐标轴
        Zc=tvecs[0][2]-0.025;
        cout<<"深度输出:"<<Zc<<endl;
    }
  }
}
```

(2) 该对坐标系变换关系发布

```
void sendMarkerTf(vector<cv::Vec3d>& marker_rvecs,vector<cv::Vec3d>& marker_
tvecs)
{
    if(marker_rvecs.size()==0&&marker_rvecs.size()==0)
    {
        cout<<"haven't received any vecs yet"<<endl;
    }
    else
    {
        cv::Mat rotated_matrix(3,3,CV_64FC1);//储存旋转矩阵
        cv::Rodrigues(marker_rvecs[0],rotated_matrix);
        rotated_matrix.convertTo(rotated_matrix,CV_64FC1);
        tf::Matrix3x3 tf_rotated_matrix(rotated_matrix.at<double>(0,0),rotated_
matrix.at<double>(0,1),rotated_matrix.at<double>(0,2),rotated_matrix.at<double>(1,
0),rotated_matrix.at<double>(1,1),rotated_matrix.at<double>(1,2),rotated_matrix.at
<double>(2,0),rotated_matrix.at<double>(2,1),rotated_matrix.at<double>(2,2));
        tf::Vector3 tf_tvec(marker_tvecs[0][0],marker_tvecs[0][1],marker_tvecs
[0][2]);
        tf::Transform transform(tf_rotated_matrix,tf_tvec);

        pointer_marker_position_broadcaster->sendTransform(tf::StampedTransform
(transform,ros::Time::now(),"logitech","world"));
        sendDobotTf();
    }
}
```

其中，sendTransform 为发布 TF 关系的函数，第一个参数为发布的 **RT** 矩阵，第二个
参数为发布的时间参数（TF 是有时间信息的，即什么时候发布的 TF 关系），第三个参数
是起始坐标系，第四个参数为目标坐标系，所以该例程中为相机到世界坐标系的变换关
系发布。

2. 从世界坐标系到机械臂基坐标系（机械臂标定）

因为 sendTransform 函数对一对坐标系变换关系的发布就是发布它们之间的 **RT** 矩阵，因

此只要手动测量该 **RT** 矩阵即可实现机械臂的标定工作。

　　自写一个节点，用 drawDetectedMarkers 和 drawAxis 两个函数画出二维码 Marker 坐标系的坐标轴，就可从窗口得知坐标系的方向，如图 4-34 所示。其中红色轴（水平方向）为 X 轴，绿色轴（垂直方向）为 Y 轴，蓝色轴为 Z 轴。在图 4-35 中，可以发现 Marker 坐标系的所有坐标轴和机械臂基坐标系的所有坐标轴两两对应平行，因此旋转矩阵为单位阵 **E**（不旋转），那么求得二者间的平移向量即可获得两坐标系间的 TF 关系。平移向量 **T** 即可由图 4-36 中的测量方法获得。又因为基座坐标系原点高度为 13.8cm，因此可得 **T** 向量为 [0.0282, 0.186, 0.138]，其中各元素单位是 m。

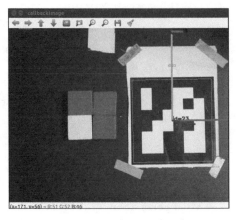

图 4-34　Marker 坐标系

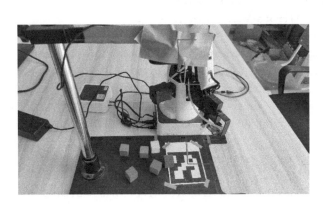

图 4-35　TF 关系图示

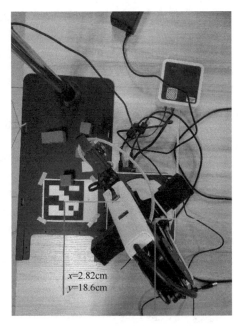

图 4-36　**T** 向量测量

世界坐标系到机械臂基坐标系的 TF 代码发布：

```
void sendDobotTf()
{
    cv::Mat rotated_matrix(3,3,CV_64FC1);
    rotated_matrix.at<float>(0,0)=1.0; rotated_matrix.at<float>(0,1)=0.0;
rotated_matrix.  at<float>(0,2)=0.0;
    rotated_matrix.at<float>(1,0)=0.0; rotated_matrix.at<float>(1,1)=1.0;
rotated_matrix.at<float>(1,2)=0.0;
    rotated_matrix.at<float>(2,0)=0.0; rotated_matrix.at<float>(2,1)=0.0;
rotated_matrix.at<float>(2,2)=1.0;
```

```
tf::Matrix3x3 tf_rotated_matrix(1.0,0.0,0.0,0.0,1.0,0.0,0.0,0.0,1.0);
tf::Vector3 tf_tvecs(0.0282,0.186,0.138);

tf::Transform transform(tf_rotated_matrix,tf_tvecs);
pointer_dobot_base_bro->sendTransform(tf::StampedTransform(transform,ros::
Time::now(),"world","dobot_base"));
sendDobotEffectorTF();
}
```

3. 从像素坐标系到相机坐标系

已经获得木块中心点坐标为像素坐标系下的坐标，发布了相机坐标系与世界坐标系之间的关系，因此需要进行像素坐标系与相机坐标系之间的变换。由前文可知，二者之间的变换由相机的内参决定，其转换公式为

$$
\begin{bmatrix} x_c \\ y_c \\ z_c \end{bmatrix} = \begin{bmatrix} Z_c f_x & 0 & Z_c u_0 \\ 0 & Z_c f_y & Z_c v_0 \\ 0 & 0 & Z_c \end{bmatrix}^{-1} \begin{bmatrix} u \\ v \\ 1 \end{bmatrix} \tag{4-5}
$$

其中 z_c 为深度因子，代表相机坐标系原点到世界坐标系平面的距离，因此相机坐标系下的坐标 z_c 的值等于 z_c。

```
void callbackCalculateAxis(opencvtest::pixel_point0::ConstPtr message)
{
    camera_matrix_Zc(0,0)=camera_matrix_Zc_inver(0,0)*Zc;
    camera_matrix_Zc(0,1)=camera_matrix_Zc_inver(0,1)*Zc;
    camera_matrix_Zc(0,2)=camera_matrix_Zc_inver(0,2)*Zc;
    camera_matrix_Zc(1,0)=camera_matrix_Zc_inver(1,0)*Zc;
    camera_matrix_Zc(1,1)=camera_matrix_Zc_inver(1,1)*Zc;
    camera_matrix_Zc(1,2)=camera_matrix_Zc_inver(1,2)*Zc;
    camera_matrix_Zc(2,0)=camera_matrix_Zc_inver(2,0)*Zc;
    camera_matrix_Zc(2,1)=camera_matrix_Zc_inver(2,1)*Zc;
    camera_matrix_Zc(2,2)=camera_matrix_Zc_inver(2,2)*Zc;

    pixel_vec[0]=message->red_u[0];
    pixel_vec[1]=message->red_v[0];
    pixel_vec_transpose=pixel_vec.transpose();
    result_1=camera_matrix_Zc * pixel_vec_transpose;
    msg1.x1.push_back(result_1[0]);
    msg1.x2.push_back(result_1[1]);
    msg1.x3.push_back(result_1[2]);

    cout<<msg1<<"aabb"<<endl;
    pointer_result_1_pub->publish(msg1);
    msg1.x1.clear();
    msg1.x2.clear();
```

```
    msg1.x3.clear();
}
```

打开终端运行代码：

```
rosrun rviz rviz
```

得到图 4-37 所示结果。

图 4-37　现实中的坐标系关系与计算获得的坐标系关系

在 axif_tf 功能包中添加 TFcamtorobot. cpp，以及创建自定义消息 getPoint. msg。在 msg 中包含：

```
float32[] x1
float32[] x2
float32[] x3
```

TFcamtorobot. cpp 参考代码如下：

```
/ ***************** ROS ***************************** /
#include <ros/ros.h>
#include <axif_tf/getPoint.h>
#include <geometry_msgs/PointStamped.h>
#include <sensor_msgs/image_encodings.h>
#include <image_transport/image_transport.h>
#include <tf/transform_broadcaster.h>
#include <tf/transform_datatypes.h>
#include <tf_conversions/tf_eigen.h>
#include <tf/transform_listener.h>

/ ***************** EUGEN ***************************** /
#include <eigen3/Eigen/Core>
#include <eigen3/Eigen/Dense>
#include <eigen3/Eigen/Geometry>
#include <cmath>

/ ***************** OPENCVLIBRARY ***************************** /
#include <opencv2/highgui/highgui.hpp>
```

```cpp
#include <opencv2/imgproc/imgproc.hpp>
#include <opencv2/core/core.hpp>
#include <opencv2/aruco.hpp>
#include <opencv2/aruco/dictionary.hpp>
#include <opencv2/core/eigen.hpp>
#include <cv_bridge/cv_bridge.h>
#include <iostream>
#include "opencv2/calib3d/calib3d.hpp"
#include "opencv2/imgcodecs.hpp"

/ ***************** PACKAGE_HEADER *********************** /
#include <opencvtest/pixel_point0.h>
#include <dobot/GetPose.h>

/ ******************* 计算过程中用到的变量 **** /
using namespace std;
axif_tf::getPoint msg1;                         //自定义 msg 存储的是红色木块中心的像素坐标
Eigen::Matrix<double,4,3 >* pointer_camera_matrix;           //相机内参 * Zc
ros::NodeHandle * n_p=NULL;
ros::Publisher * pointer_result_1_pub=NULL;
//红色
//tf::TransformListener * listener_ptr;

double Zc=1.0;                              //坐标变换因子 (相机坐标系原点到世界坐标平面的距离)
const string camera_name="logitech";                   //相机坐标系的名称

//手动输入标定好的相机内参
cv::Mat camera_matrix=(cv::Mat_<double>(3,3) << 840.4847017802349,0,337.459118
1640929,0,842.3550640684238,243.4526053689682,0,0,1 );        //matrix_num2
//相机畸变参数
cv::Mat dist_coeffs=(cv::Mat_<double>(1,5) << 0.07006861619896421,0.0990476978
8544139,-8.032539238734213e-05,0.003352501001828265,0);      //matrix_num2
//Aruco 二维的编码代号
cv::Ptr<cv::aruco::Dictionary> dictionary;
//二维码中心,即世界坐标系的中心点像素坐标
vector<cv::Point2f> marker_center;
//相机坐标系乘以尺度因子 Zc
Eigen::Matrix< double,3,3 > camera_matrix_Zc_temp;
Eigen::Matrix< double,3,3 > camera_matrix_Zc_inver;
Eigen::Matrix< double,4,3 > camera_matrix_Zc;
//齐次像素坐标初始化,用来储存接收到的木块中心像素
Eigen::Vector3d pixel_vec(1.0,1.0,1.0);
Eigen::Vector3d pixel_vec_transpose(1.0,1.0,1.0);
//中心点在相机坐标系下的坐标计算结果
Eigen::Vector4d result_1;
//世界坐标系下的坐标
```

```
/ *********************** TF 变量 **** /
tf::TransformBroadcaster * pointer_marker_position_broadcaster;
tf::TransformBroadcaster * pointer_dobot_base_bro;
tf::TransformBroadcaster * pointer_dobot_effector_bra;
/ *************************** CALLBACK_FUNCTION ******************** /
void callbackCalculateAxis(opencvtest::pixel_point0::ConstPtr message);
void callbackImage(const sensor_msgs::ImageConstPtr& msg);
/ ************************** FUNCTION ****************** /
void loadCalibrationFiles(string& input_path,cv::Mat& camera_matrix,cv::Mat&
distcoeffs,double scale);
void getMarker(cv::Mat& marker_image,vector<cv::Point2f>& marker_center,bool
key);
void sendMarkerTf(vector<cv::Vec3d>& marker_rvecs,vector<cv::Vec3d>& marker_
tvecs);
void sendDobotTf();
void sendDobotEffectorTF();

int main(int argc,char ** argv)
{
    camera_matrix_Zc_temp<< 840.4847017802349,0,337.4591181640929,0,842.355064068
4238,243.4526053689682,0,0,1;
    camera_matrix_Zc_inver=camera_matrix_Zc_temp.inverse();                //逆矩阵
    camera_matrix_Zc(0,0)=camera_matrix_Zc_inver(0,0) * Zc;
    camera_matrix_Zc(0,1)=camera_matrix_Zc_inver(0,1) * Zc;
    camera_matrix_Zc(0,2)=camera_matrix_Zc_inver(0,2) * Zc;
    camera_matrix_Zc(1,0)=camera_matrix_Zc_inver(1,0) * Zc;
    camera_matrix_Zc(1,1)=camera_matrix_Zc_inver(1,1) * Zc;
    camera_matrix_Zc(1,2)=camera_matrix_Zc_inver(1,2) * Zc;
    camera_matrix_Zc(2,0)=camera_matrix_Zc_inver(2,0) * Zc;
    camera_matrix_Zc(2,1)=camera_matrix_Zc_inver(2,1) * Zc;
    camera_matrix_Zc(2,2)=camera_matrix_Zc_inver(2,2) * Zc;

    ros::init(argc,argv,"axif_tf");
    ros::NodeHandle n;
    n_p=&n;

    tf::TransformBroadcaster marker_position_broadcaster;
    tf::TransformBroadcaster dobot_base_bro;
    tf::TransformBroadcaster dobot_effector_bra;
    pointer_marker_position_broadcaster=&marker_position_broadcaster;
    pointer_dobot_base_bro=&dobot_base_bro;
    pointer_dobot_effector_bra=&dobot_effector_bra;
    ros::ServiceClient client_pose=n.serviceClient<dobot::GetPose>("dobot/Get-
Pose");

    image_transport::ImageTransport it_(n);      //将节点 it_放入节点 n 的命名空间中去
```

```
        image_transport::Subscriber image_sub_=it_.subscribe("/usb_cam/image_raw",
1,callbackImage);
        ros::Publisher result_1_pub=n.advertise<axif_tf::getPoint>("result_1",1000);
        pointer_result_1_pub=&result_1_pub;
        ros::Subscriber pixel_sub=n.subscribe("pixel_center_axif",1,callbackCalcu-
lateAxis);//订阅木块中心的像素坐标
        ros::Rate loop_rate(30);
        while(ros::ok())
        {
            ros::spinOnce();
            loop_rate.sleep();
        }
    }


    void callbackCalculateAxis(opencvtest::pixel_point0::ConstPtr message)
    {
        camera_matrix_Zc(0,0)=camera_matrix_Zc_inver(0,0)*Zc;
        camera_matrix_Zc(0,1)=camera_matrix_Zc_inver(0,1)*Zc;
        camera_matrix_Zc(0,2)=camera_matrix_Zc_inver(0,2)*Zc;
        camera_matrix_Zc(1,0)=camera_matrix_Zc_inver(1,0)*Zc;
        camera_matrix_Zc(1,1)=camera_matrix_Zc_inver(1,1)*Zc;
        camera_matrix_Zc(1,2)=camera_matrix_Zc_inver(1,2)*Zc;
        camera_matrix_Zc(2,0)=camera_matrix_Zc_inver(2,0)*Zc;
        camera_matrix_Zc(2,1)=camera_matrix_Zc_inver(2,1)*Zc;
        camera_matrix_Zc(2,2)=camera_matrix_Zc_inver(2,2)*Zc;

        cout<<"there is msg1"<<endl;
        pixel_vec[0]=message->red_u[0];
        pixel_vec[1]=message->red_v[0];
        pixel_vec_transpose=pixel_vec.transpose();
        result_1=camera_matrix_Zc * pixel_vec_transpose;
        msg1.x1.push_back(result_1[0]);
        msg1.x2.push_back(result_1[1]);
        msg1.x3.push_back(result_1[2]);
        cout<<msg1<<"aabb"<<endl;
        pointer_result_1_pub->publish(msg1);//发布出来
        msg1.x1.clear();
        msg1.x2.clear();//StampedTransform
        msg1.x3.clear();
    }


    void callbackImage(const sensor_msgs::ImageConstPtr&msg)
    {
        cv_bridge::CvImagePtr cv_ptr;
        try
        {
```

```
                cv_ptr=cv_bridge::toCvCopy(msg,sensor_msgs::image_encodings::BGR8);
                                                //转化为 OpenCV 格式图像，返回指针
        }
        catch (cv_bridge::Exception& e)
        {
            ROS_ERROR("cv_bridge exception: %s",e.what());
            return;
        }
        getMarker(cv_ptr->image,marker_center,0);
        cv::imshow("callbackImage",cv_ptr->image);
        cv::waitKey(1);
    }


    void getMarker(cv::Mat& marker_image,vector<cv::Point2f>& marker_center,bool key)
    {
        vector<int> ids;
        vector< vector<cv::Point2f> > corners;
        vector<cv::Vec3d> rvecs,tvecs;          //分别为旋转和平移矩阵，都是外参矩阵
        dictionary=cv::aruco::getPredefinedDictionary(cv::aruco::DICT_6X6_250);
                                                //aruco 表示的是矩阵的角点信息
        if(! marker_image.empty())
        {
            cv::aruco::detectMarkers(marker_image,dictionary,corners,ids);
                                        //侦测到角点以备姿态检测使用
            cv::aruco::drawDetectedMarkers(marker_image,corners,ids);
            cv::aruco::estimatePoseSingleMarkers(corners,0.096,camera_matrix,dist_
coeffs,rvecs,tvecs);                    //0.086 marker 大小
            if(rvecs.empty()&&tvecs.empty())
            {
                cout<<"no trans"<<endl;
            }
            else
            {
                 cv::aruco::drawAxis(marker_image,camera_matrix,dist_coeffs,rvecs,
tvecs,0.1);                              //画坐标轴
                Zc=tvecs[0][2]-0.025;
                cout<<"深度输出:"<<Zc<<endl;
                sendMarkerTf(rvecs,tvecs);   //发布 tf
            }
        }
    }


    void sendMarkerTf(vector<cv::Vec3d>& marker_rvecs,vector<cv::Vec3d>& marker_
tvecs)
    {
        if(marker_rvecs.size()==0&&marker_rvecs.size()==0)
```

```
        {
            cout<<"haven't received any vecs yet"<<endl;
        }
        else
        {
            cv::Mat rotated_matrix(3,3,CV_64FC1);           //储存旋转矩阵
            cv::Rodrigues(marker_rvecs[0],rotated_matrix);
            rotated_matrix.convertTo(rotated_matrix,CV_64FC1);
            tf::Matrix3x3 tf_rotated_matrix(rotated_matrix.at<double>(0,0),rotated_
matrix.at<double>(0,1),rotated_matrix.at<double>(0,2),rotated_matrix.at<double>
(1,0),rotated_matrix.at<double>(1,1),rotated_matrix.at<double>(1,2),rotated_
matrix.at<double>(2,0),rotated_matrix.at<double>(2,1),rotated_matrix.at<double>(2,2));
            tf::Vector3 tf_tvec(marker_tvecs[0][0],marker_tvecs[0][1],marker_tvecs
[0][2]);
            tf::Transform transform(tf_rotated_matrix,tf_tvec);

            pointer_marker_position_broadcaster->sendTransform(tf::StampedTransform
(transform,ros::Time::now(),"logitech","world"));
            sendDobotTf();
        }
    }

    void sendDobotTf()
    {
        cv::Mat rotated_matrix(3,3,CV_64FC1);
        rotated_matrix.at<float>(0,0)=1.0;rotated_matrix.at<float>(0,1)=0.0;
rotated_matrix.at<float>(0,2)=0.0;
        rotated_matrix.at<float>(1,0)=0.0;rotated_matrix.at<float>(1,1)=1.0;
rotated_matrix.at<float>(1,2)=0.0;
        rotated_matrix.at<float>(2,0)=0.0;rotated_matrix.at<float>(2,1)=0.0;
rotated_matrix.at<float>(2,2)=1.0;

        tf::Matrix3x3 tf_rotated_matrix(1.0,0.0,0.0,0.0,1.0,0.0,0.0,0.0,1.0);
        tf::Vector3 tf_tvecs(0.0282,0.186,0.138);
        tf::Transform transform(tf_rotated_matrix,tf_tvecs);
        pointer_dobot_base_bro->sendTransform(tf::StampedTransform(transform,ros::
Time::now(),"world","dobot_base"));
        sendDobotEffectorTF();

    }

    void sendDobotEffectorTF()
    {
        ros::ServiceClient client_getpose=n_p->serviceClient<dobot::GetPose>("/Do-
botServer/GetPose");
        cv::Mat rotated_matrix(3,3,CV_64FC1);
```

```
        rotated_matrix.at<float>(0,0)=1.0; rotated_matrix.at<float>(0,1)=0.0;
rotated_matrix.at<float>(0,2)=0.0;
        rotated_matrix.at<float>(1,0)=0.0; rotated_matrix.at<float>(1,1)=1.0;
rotated_matrix.at<float>(1,2)=0.0;
        rotated_matrix.at<float>(2,0)=0.0; rotated_matrix.at<float>(2,1)=0.0;
rotated_matrix.at<float>(2,2)=1.0;
        tf::Matrix3x3 tf_rotated_matrix(rotated_matrix.at<float>(0,0),rotated_ma-
trix.at<float>(0,1),rotated_matrix.at<float>(0,2),rotated_matrix.at<float>(1,0),
rotated_matrix.at<float>(1,1),rotated_matrix.at<float>(1,2),
        rotated_matrix.at<float>(2,0),rotated_matrix.at<float>(2,1),rotated_ma-
trix.at<float>(2,2));

        dobot::GetPose srv;
        client_getpose.call(srv);

        cout<<srv.response.x/1000<<","<<srv.response.y/1000<<","<<srv.response.z/
1000<<endl;
        tf::Vector3 tf_tvecs(srv.response.x/1000,srv.response.y/1000,srv.response.z/
1000);
        tf::Transform transform(tf_rotated_matrix,tf_tvecs);
        pointer_dobot_effector_bra->sendTransform(tf::StampedTransform(transform,
ros::Time::now(),"/dobot_base","/dobot_effector"));
    }
```

4. 从相机坐标系到机械臂基坐标系

由上述坐标变换步骤，最终可得机械臂基坐标系下的物体位置。

```
void callbackCalculateAxis1(axif_tf::getPoint::ConstPtr message)
{
    for(int i=0 ;i <message->x1.size();i++)
    {
        result_in.point.x=message->x1[i];
        result_in.point.y=message->x2[i];
        result_in.point.z=message->x3[i];
        result_in.header.frame_id="logitech";
        result_out.header.frame_id="dobot_base";
        try
        {
            listener_ptr->transformPoint("dobot_base",ros::Time(0),result_in,"
logitech",result_out);  //相机坐标系到机械臂基坐标系下的变换
        }


        catch (tf::TransformException &ex)
        {
```

```
            ROS_ERROR("%s",ex.what());
            ros::Duration(1.0).sleep();
            continue;
        }

        msg10.x1.push_back(result_out.point.x+0.026);      //单位为 m，可加减调参
        msg10.x2.push_back(result_out.point.y-0.0064);     //单位为 m，可加减调参
        msg10.x3.push_back(-0.035);                        //获得坐标 z
    }
    cout<<"red"<<endl;
    cout<<msg10<<endl;
    pointer_result_10_pub->publish(msg10);                 //发布出来
    msg10.x1.clear();
    msg10.x2.clear();
    msg10.x3.clear();
}
```

上述代码中函数 transformPoint 的各参数意义为：第一个参数为目的坐标系；第二个参数为源坐标系的时间戳；第三个参数为源坐标系中的坐标，即输入坐标；第四个参数为源坐标系；第五个参数为目的坐标系中的坐标，即输出坐标。

```
msg10.x1.push_back(result_out.point.x+0.026);
msg10.x2.push_back(result_out.point.y-0.0064);
msg10.x3.push_back(-0.035);
```

上述代码是整个试验中针对环境误差所需要进行适当调节的部分，其中 z 的值固定为 -0.035，即实验中所有机械臂基坐标系原点离木块表面的 z 轴深度为 $0.035\mathrm{m}$，适当修正 x、y 轴方向的坐标，使得所有木块的坐标都满足抓取要求。

transform_base.cpp 的参考代码如下：

```
/ ********************** ROS ******************************** /
#include <ros/ros.h>
#include <axif_tf/getPoint.h>
#include <geometry_msgs/PointStamped.h>
#include <sensor_msgs/image_encodings.h>
#include <image_transport/image_transport.h>
#include <tf/transform_broadcaster.h>
#include <tf/transform_datatypes.h>
#include <tf_conversions/tf_eigen.h>
#include <tf/transform_listener.h>
/ ********************** EUGEN ********************************* /
#include <eigen3/Eigen/Core>
#include <eigen3/Eigen/Dense>
#include <eigen3/Eigen/Geometry>
#include <cmath>
/ ********************** OPENCVLIBRARY ************************* /
```

```
#include <opencv2/highgui/highgui.hpp>
#include <opencv2/imgproc/imgproc.hpp>
#include <opencv2/core/core.hpp>
#include <opencv2/aruco.hpp>
#include <opencv2/aruco/dictionary.hpp>
#include <opencv2/core/eigen.hpp>
#include <cv_bridge/cv_bridge.h>
#include <iostream>
#include "opencv2/calib3d/calib3d.hpp"
#include "opencv2/imgcodecs.hpp"
/ ****************** PACKAGE_HEADER ************************** /
#include <opencvtest/pixel_point0.h>
//#include <dobot/mypose.h>
#include <dobot/GetPose.h>
using namespace std;
axif_tf::getPoint msg10;                          //存储木块在机械臂基坐标系下的中心坐标
void callbackCalculateAxis1(axif_tf::getPoint::ConstPtr message);
ros::NodeHandle * n_p=NULL;
ros::Publisher * pointer_result_10_pub=NULL; //红
geometry_msgs::PointStamped result_in;
geometry_msgs::PointStamped result_out;

tf::TransformListener * listener_ptr;
int main(int argc,char ** argv)

{
  ros::init(argc,argv,"transform_base");
  ros::NodeHandle n;
  n_p=&n;
  tf::TransformListener listener;
  listener_ptr=&listener;
  ros::Subscriber pixel_sub1=n.subscribe("result_1",100,callbackCalculateAxis1);
  ros::Publisher result_1_pub=n.advertise<axif_tf::getPoint>("result_10",1);
                                        //发布相机坐标系下的红色木块中心坐标

  pointer_result_10_pub=&result_1_pub;
  ros::Rate loop_rate(30);
  while(ros::ok())
  {
      ros::spinOnce();
      loop_rate.sleep();
  }
}
```

```cpp
void callbackCalculateAxis1(axif_tf::getPoint::ConstPtr message)
{
    for(int i=0 ;i <message->x1.size();i++)
    {
        result_in.point.x=message->x1[i];
        result_in.point.y=message->x2[i];
        result_in.point.z=message->x3[i];
        result_in.header.frame_id="logitech";
        result_out.header.frame_id="dobot_base";
        try
        {
            listener_ptr->transformPoint("dobot_base",ros::Time(0),result_in,
"logitech",result_out);                      //相机坐标系到机械臂基坐标系下的变换
        }


        catch (tf::TransformException &ex)
        {
            ROS_ERROR("%s",ex.what());
            ros::Duration(1.0).sleep();
            continue;
        }

        msg10.x1.push_back(result_out.point.x+0.026);      //单位为 m,可加减调参
        msg10.x2.push_back(result_out.point.y-0.0064);     //单位为 m,可加减调参
        msg10.x3.push_back(-0.035);                        //获得坐标 z
    }
    cout<<" red" <<endl;
    cout<<msg10<<endl;
    pointer_result_10_pub->publish(msg10);                 //发布出来
    msg10.x1.clear();
    msg10.x2.clear();
    msg10.x3.clear();
}
```

4.5　机械臂码垛实验

　　目前，已经获取到了木块位于机械臂基坐标系下的坐标，接下来需要使用机械臂来接收该坐标信息，并进行抓取。

4.5.1 机械臂分拣

在获取机械臂基坐标系下物体位姿后，需要通过逆运动学求解出机械臂各关节的运动角度。

编写 DobotClient_PTP 节点，并向服务器 Dobot_Server node 发送请求：

设置末端执行器偏移参数（调整误差）：

```cpp
client = n. serviceClient < dobot::SetEndEffectorParams > ("/DobotServer/SetEndEffectorParams");
dobot::SetEndEffectorParams srv5;
srv5. request. xBias = 61;
srv5. request. yBias = 0;
srv5. request. zBias = 0;
client. call(srv5);                              //机械臂吸取
void MOVE_rtr(axif_tf::getPoint::ConstPtr message)
{
    int souce = 200;                             //初始位置
    int j = message->x1. size();

    if(CubeColor == "GREEN")
    {

        if(layer == 0)
        {
            Times = 0;                           //从头开始摆放
        }
        layer = 1;                               //升为第二层
    }

    ROS_INFO("NOW the service size is %d",j);
    cout << "In the another callback the color is " << CubeColor << endl;
    vector<Eigen::Vector3d> temp;
    ros::ServiceClient client_suck = n_p->serviceClient < dobot::SetEndEffectorSuctionCup > ("/DobotServer/SetEndEffectorSuctionCup");
    dobot::SetEndEffectorSuctionCup srv_s;
    ros::ServiceClient client_mov = n_p->serviceClient < dobot::SetPTPCmd > ("/DobotServer/SetPTPCmd");
    dobot::SetPTPCmd srv_m;
    srv_s. request. enableCtrl = 1;              //吸盘使能
    srv_m. request. ptpMode = 0;                 //PTP 为 JUMP 模式
    for(int i = 0; i < j; i++)
    {
        Eigen::Vector3d abc(message->x1[i],message->x2[i],message->x3[i]);
                                                 //中间向量存储最新消息
```

```cpp
        temp.push_back(abc);
}//起始点

for(int i=0;i < j;i++)
{
    // cout<<"等待:红色木块分类中第"<<i<<"块"<<endl;
    ROS_INFO("STARTING RUNING");
    ROS_INFO("THE %d call ",Times+1);
    srv_m.request.x=temp[i][0]*1000;   //PTP 模式中起始点赋值
    srv_m.request.y=temp[i][1]*1000;
    srv_m.request.z=temp[i][2]*1000;
    srv_m.request.r=0;
    client_mov.call(srv_m);
    sleep(6);
    srv_s.request.suck=1;
    client_suck.call(srv_s);
    sleep(2);                          //吸盘吸取延时

    if (Times<2)
    {
        srv_m.request.x=souce + Times*25;
        srv_m.request.y=-75;
        srv_m.request.z=-40 + layer*28;
        srv_m.request.r=0;
        Times++;                       //调用次数加 1
    }
    else if(1<Times<4)
    {
        srv_m.request.x=200 + (Times-2)*25;
        srv_m.request.y=-50;           //改变 y 轴
        srv_m.request.z=-40 + layer*28;
        srv_m.request.r=0;
        Times++;
    }
    else                               //其他情况
    {
        srv_m.request.x=200;
        srv_m.request.y=-25;
        srv_m.request.z=-40;
        srv_m.request.r=0;
    }

    client_mov.call(srv_m);
    sleep(6);
```

```
        srv_s.request.suck=0;
        client_suck.call(srv_s);
        sleep(2);                          //吸盘释放延时
        //souce +=50;                       //改变的是木块的长度
                                           //每次进来一个位置,则 x 轴方向移动一个物块
                                           的距离

        if (ros::ok()==false)
        {
            break;
        }
    }
    temp.clear();
}
```

上述代码中的核心的 3 个客户端对应的 API 分别为 SetEndEffectorParams、SetEndEffectorSuctionCup 和 SetPTPCmd。

SetPTPCmdService 为 Dobot 使用的核心服务函数,其对应的 API 名称为 SetPTPCmd,能够设定参数为 0~9 的 PTP 模式号及 (x, y, z, r) 的坐标参数。(x, y, z, r) 可以作为笛卡儿坐标、关节坐标、笛卡儿坐标增量或关节坐标增量使用。

SetEndEffectorParams 函数用于修正末端执行器与机械臂原本未装末端吸盘之间的偏移。

由图 4-38 可知,蓝色点代表机械臂初始末端,红色点代表添加吸盘后末端,机械臂添加吸盘后末端向 x 轴方向偏移了 6.1cm,因此需要在 x 轴补偿 6.1cm。

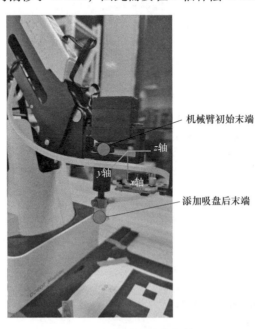

图 4-38　机械臂运动多解情况

SetEndEffectorSuctionCup 函数用于控制末端吸盘的吸取和释放,木块分拣流程如图 4-39 所示。

在木块分拣码垛过程中，选择码黄色与绿色两种颜色，其中黄色在第一层，绿色在第二层。图 4-40 所示为回调函数执行的流程图。

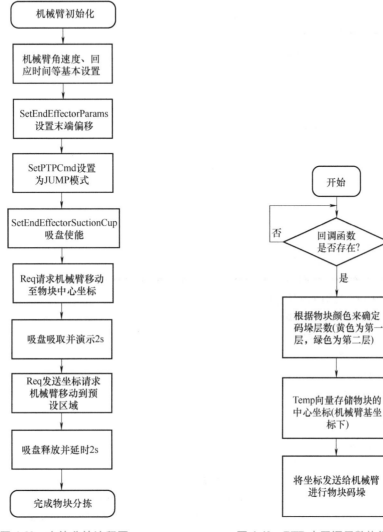

图 4-39　木块分拣流程图　　　　　图 4-40　PTP 内回调函数执行流程图

修改 DobotClient_ PTP. cpp：

```
#include "ros/ros. h"
#include "std_msgs/String. h"
#include "dobot/SetCmdTimeout. h"
#include "dobot/SetQueuedCmdClear. h"
#include "dobot/SetQueuedCmdStartExec. h"
#include "dobot/SetQueuedCmdForceStopExec. h"
#include "dobot/GetDeviceVersion. h"
#include <geometry_msgs/PointStamped. h>
#include "dobot/SetEndEffectorParams. h"
```

```
#include "dobot/SetPTPJointParams.h"
#include "dobot/SetPTPCoordinateParams.h"
#include "dobot/SetPTPJumpParams.h"
#include "dobot/SetPTPCommonParams.h"
#include "dobot/SetPTPCmd.h"
#include "dobot/SetHOMEParams.h"
#include "dobot/GetHOMEParams.h"
#include "dobot/SetHOMECmd.h"
#include "axif_tf/getPoint.h"
#include "dobot/SetEndEffectorParams.h"
#include "dobot/GetEndEffectorParams.h"
#include "dobot/SetEndEffectorLaser.h"
#include "dobot/GetEndEffectorLaser.h"
#include "dobot/SetEndEffectorSuctionCup.h"
#include "dobot/GetEndEffectorSuctionCup.h"
#include "dobot/SetEndEffectorGripper.h"
#include "dobot/GetEndEffectorGripper.h"
/ ******************* EIGEN ***************************** /
#include <eigen3/Eigen/Core>
#include <eigen3/Eigen/Dense>
#include <eigen3/Eigen/Geometry>
#include <cmath>
#include <opencvtest/CubeIfomation.h>
#include <typeinfo>
```

定义新变量：

```
using namespace std;
ros::NodeHandle * n_p=NULL;
int Times=0;                //定义回调函数的调用次数
int layer=0;                //定义此时木块的层数 是在第几层
string CubeColor;           //定义要检测的第二层木块颜色的初始变量
```

函数声明：

```
void MOVE_rtr(axif_tf::getPoint::ConstPtr message);
void callback1(opencvtest::CubeIfomation::ConstPtr Msg);
```

函数定义：

```
void callback1(opencvtest::CubeIfomation::ConstPtr Msg)
{
    CubeColor=Msg->Color.c_str();
    cout<<CubeColor<<endl;
    ROS_INFO("Now the color of cube is :[%s] ",Msg->Color.c_str());
}
```

在主程序中修改：

```
ros::Subscriber pixel_sub1=n.subscribe("result_10",1,MOVE_rtr);
    ros::Subscriber cubecolor=n.subscribe("CubeLocation",1,callback1);
ros::Rate loop_rate(10);
```

修改 while 中的内容为：

```
while (ros::ok()) {
        ros::spinOnce();
    loop_rate.sleep();
}
```

4.5.2　实验过程

1）在工作空间中，输入以下命令找到相机的节点：

```
ls /dev/video*
```

2）输入以下命令打开相机：

```
roscore
roslaunch usb_cam usb_cam-test.launch
```

3）新建一个窗口，输入以下命令打开画框的节点：

```
rosrun opencvtest sorting
```

4）新建窗口，输入以下命令进行坐标系变换：

```
rosrun axif_tf TFcamtorobot
rosrun axif_tf transform_base
```

5）新建窗口，输入以下命令开启 Dobot：

```
ls/dev/ttyUSB
sudo chmod 666 /dev/ttyUSB0
rosrun dobot DobotServer ttyUSB0
rosrun dobot gohome
rosrun dobot DobotClient_PTP
cd ~/catkin_ws/src/opencvtest/src
python2 Baidutest.py
```

启动过程如图 4-41 所示。

启动 gohome 后，Dobot 机器人将逐渐回到初始位置，此时指示灯闪烁蓝光，如图 4-42 所示。

启动抓取节点后，机器人将移动到对应颜色木块位置，然后用吸盘进行抓取，如图 4-43 所示。

将木块放到指定位置，如图 4-44 所示。

最后将木块放至指定位置，完成木块分拣实验，如图 4-45 所示。

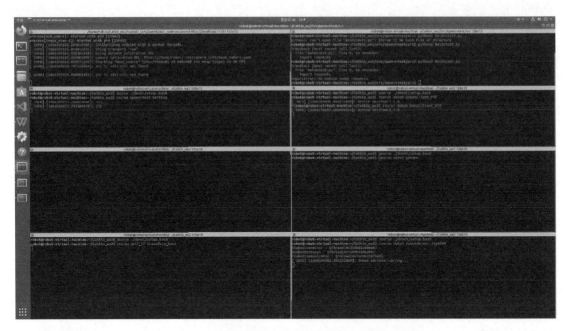

图 4-41　dobot 启动过程

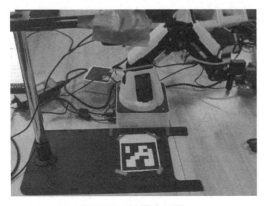

图 4-42　机器人回零

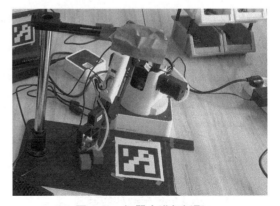

图 4-43　机器人进行抓取

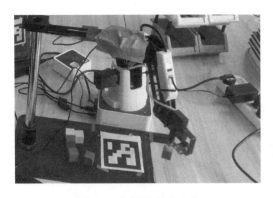

图 4-44　机器人转移木块

图 4-45　机器人完成分拣

4.6　常见问题及解决方法

若对完整的工作空间进行编译（catkin_make），会出现如图 4-46 所示的问题。

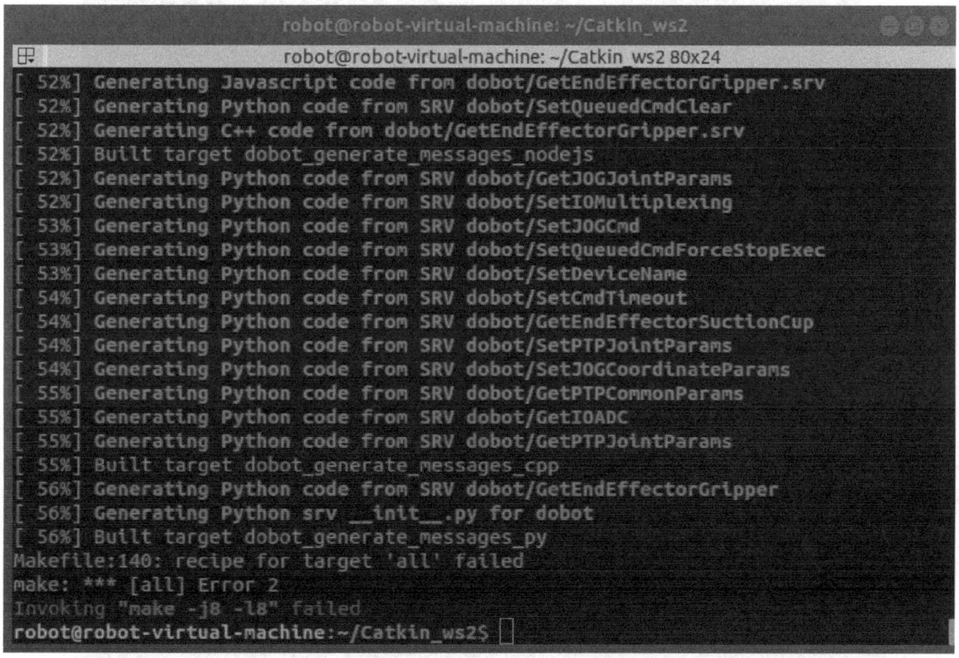

图 4-46　编译错误

追溯到问题出现的地方，可知是程序所调用的头文件缺失，所以要先注释 3 个 cpp 文件中的#include<axif_tf/getPoint>，如图 4-47 所示。由于 getPoint. msg 文件是自己编写的，并在 getmaker. cpp 中作为头文件存在，所以在重新编译时容易产生错误。

图 4-47　注释 include<axif_tf/getPoint>

然后在 CMakeList. txt 文件中进行修改，添加代码（见图 4-48）：

```
add_message_files(
  FILES
  getPoint.msg
)
generate_messages(
DEPENDENCIES
std_msgs
#自定义消息依赖
)
```

图 4-48　添加内容

重新进行编译，出现问题如图 4-49 所示。

图 4-49　编译错误

按照上一步骤进行操作。需要对 TFcamtorobot. cpp 和 transform_base. cpp 中的代码进行注释：#include<opencvtest/pixel_point0. h>。对 CatkinList. txt 文件中的代码（见图 4-50）全部注释，然后进行编译。

```
add_executable(getmarker src/getmaker.cpp)
target_link_libraries(getmarker ${catkin_LIBRARIES} ${OpenCV_LIBRARIES})
add_executable(TFcamtorobot src/TFcamtorobot.cpp)
target_link_libraries(TFcamtorobot ${catkin_LIBRARIES} ${OpenCV_LIBRARIES})
add_executable(transform_base src/transform_base.cpp)
target_link_libraries(transform_base ${catkin_LIBRARIES} ${OpenCV_LIBRARIES})
```

图 4-50 注释内容

然后分别将 3 个 cpp 文件中之前注释过的代码行及 CatkinList. txt 中对应的代码行取消注释，再次进行编译。

4.7 课后习题

1. 请写出 TF 库的作用，并举例说明。
2. 机械臂的工作空间指的是什么？分别有哪两种工作空间？其区别是什么？
3. 对图 4-51 所示的简单机器人，根据 D-H 法，建立必要坐标系及参数表。

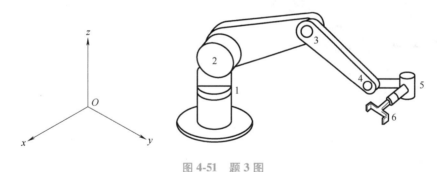

图 4-51 题 3 图

4. （选做题）你知道 D-H 参数法有什么优点和缺点吗？除此之外还有哪些坐标表示方法？

第 5 章

基于 EasyDL 的声控分拣机器人

5.1　项　目　简　介

语音交互是机器人人机交互技术中最自然的一种方式。我们希望人类与机器人之间的交流能够像人类之间的交流一样。因此，语音识别、语音理解和语音合成技术对于机器人人机交互技术的发展具有重要的价值。目前，具有语音交互能力的移动机器人已经开始应用在医院、银行、景区等场景中，如图 5-1 所示。

本项目硬件设备由一台 Dobot 魔术师机器人、一个传声器和一个 Logic 单目相机组成。本项目基于 Ubuntu18.04 操作系统，整个声控分拣机器人系统采用 Ubuntu18.04 下的 ROS 系统作为机器人进行抓取与通信的平台。本项目利用 EasyDL 中的图像分割模型实现木块的图像分割和位置计算，利用自主采集的图片数据集训练图像分割模型，然后得到该模型对应的 API 调用接口。接着通过 ROS 完成相机实时数据、API 调用返回结果、系统的坐标变换等信息的传输。

图 5-1　一种智能语音交互机器人

最终在杂乱的环境下通过百度 EasyDL 语音 API 接口识别实验人员发出的语音指令，根据识别得到的语音指令，通过已经训练好的 EasyDL 图像分割模型的使用，完成对语音指令指定抓取物体的检测识别和分拣。经实验验证该系统效果良好，能够高效地完成物体的语音分拣任务。本项目的整体实验流程如图 5-2 所示。

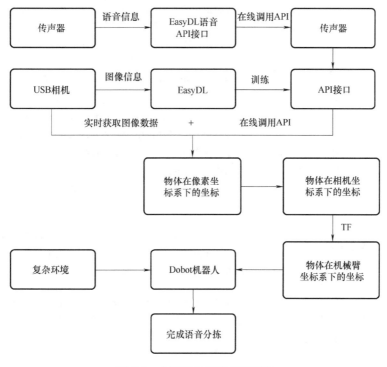

图 5-2　本项目的整体实验流程

5.2 图像分割算法简介

图像分割是图像分析的第一步，是计算机视觉的基础，是图像理解的重要组成部分，同时也是图像处理中最困难的问题之一。图像分割是指根据灰度、彩色、空间纹理、几何形状等特征把图像划分成若干个互不相交的区域，使得这些特征在同一区域内表现出一致性或相似性，而在不同区域间表现出明显的不同。简单地说，就是在一副图像中把目标从背景中分离出来。对于灰度图像来说，区域内部的像素一般具有灰度相似性，而在区域的边界上一般具有灰度不连续性。

关于图像分割技术，由于问题本身的重要性和困难性，从 20 世纪 70 年代起图像分割问题就吸引了很多研究人员为之付出了巨大的努力。虽然到目前为止，还不存在一个通用、完美的图像分割方法，但是对于图像分割的一般性规律基本上达成的共识，已经产生了许多研究成果和方法。见表 5-1，现有的图像分割算法可以分为传统图像分割算法、结合特定工具的图像分割算法和基于深度学习的分割算法。

表 5-1 图像分割算法

分类	分割方法	方法、基本思想
传统图像分割算法	基于阈值的图像分割方法	基于图像的灰度特征来计算一个或多个灰度阈值，并将图像中每个像素的灰度值与阈值做比较，最后根据比较结果将像素分到合适的类别中
	基于区域的图像分割方法	以直接寻找区域为基础的分割技术，基于区域提取方法有两种基本形式：一种是区域生长，从单个像素出发，逐步合并以形成所需要的分割区域；另一种是从全局出发，逐步切割至所需的分割区域
	基于边缘检测的图像分割方法	通过检测包含不同区域的边缘来解决分割问题
结合特定工具的图像分割算法	基于小波分析和小波变换的图像分割方法	二进小波变换具有检测二元函数局部突变的能力，因此可作为图像边缘检测工具。图像的边缘出现在图像局部灰度不连续处，对应于二进小波变换的模极大值点。通过检测小波变换模极大值点可以确定图像的边缘小波变换位于各个尺度上，而每个尺度上的小波变换都能提供一定的边缘信息，因此可进行多尺度边缘检测来得到比较理想的图像边缘
	基于遗传算法的图像分割方法	考虑到遗传算法具有与问题领域无关且快速随机的搜索能力。其搜索从群体出发，具有潜在的并行性，可以进行多个个体的同时比较，能有效地加快图像处理的速度
	基于主动轮廓模型的图像分割方法	在给定图像中利用曲线演化来检测目标，得到精确的边缘信息。其基本思想是，先定义初始曲线，然后根据图像数据得到能量函数，通过最小化能量函数来引发曲线变化，使其向目标边缘逐渐逼近，最终找到目标边缘

（续）

分类	分割方法	方法、基本思想
基于深度学习的图像分割算法	基于特征编码的图像分割方法	VGGNet、ResNet
	基于区域选择的图像分割方法	R-CNN、Fast-RCNN、Faster-R-CNN、Mask R-CNN、Mask Scoring R-CNN
	基于循环神经网络的图像分割方法	ReSeq、MDRNNs
	基于上采样/反卷积的图像分割方法	FCN、SetNet
	基于提高特征分辨率的图像分割方法	DeepLab
	基于特征增强的图像分割方法	SLIC、PSPNet
	基于条件随机场/马尔可夫随机场的图像分割方法	DenseCRF

5.3　基于 EasyDL 的图像分割

本节着重介绍如何利用 EasyDL 实现颜色木块的图像分割。

5.3.1　创建模型

首先进入 EasyDL 的官网，在打开网址后单击"立即使用"按钮，根据自身需求选择相对应的功能，这里选择图像分割功能，如图 5-3 所示。

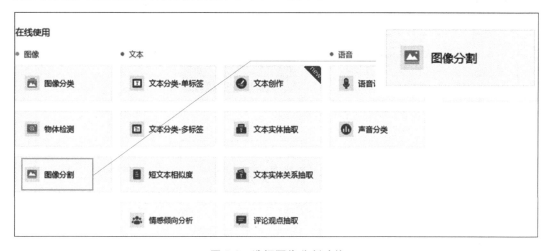

图 5-3　选择图像分割功能

然后单击"创建模型"，如图 5-4 所示，根据自身实际情况填写相应的信息。

图 5-4 填写相应的信息

5.3.2 训练模型

在模型创建完成后，需要为模型制作数据集。单击"EasyData 数据服务"下"数据总览"中的"创建数据集"即可创建数据集，如图 5-5 所示。

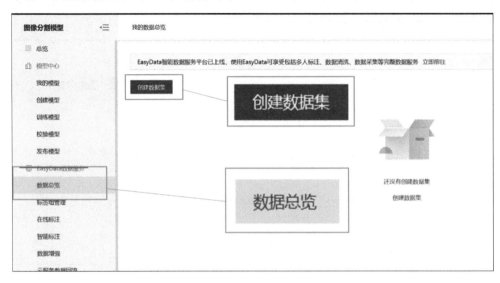

图 5-5 创建数据集

读者可以自主为数据集命名，如图 5-6 所示。

图 5-6　数据集命名

接下来，需要进行数据集的导入，如图 5-7 所示。读者可以用自己的相机拍摄约 150 张照片可参考 4.2 节关于拍摄图像的建议。

图 5-7　将数据集导入

在导入过程中，"数据标注状态"选择"无标注信息"，"导入方式"选择"本地导入"，选择"上传图片"，如图 5-8 所示。

在数据集上传完成后，单击"查看与标注"，对图片进行标注，如图 5-9 所示。

在添加标签处添加所需要的标签类型，如图 5-10 所示。由于数据集中有红、黄、蓝、绿 4 种颜色的木块，所以本项目添加了 red、yellow、blue、green 4 种标签。

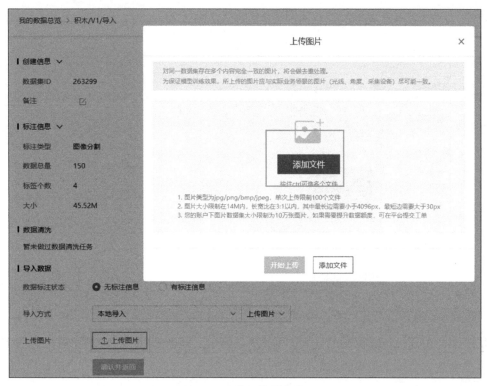

图 5-8　上传图片的操作

图 5-9　单击"查看与标注"

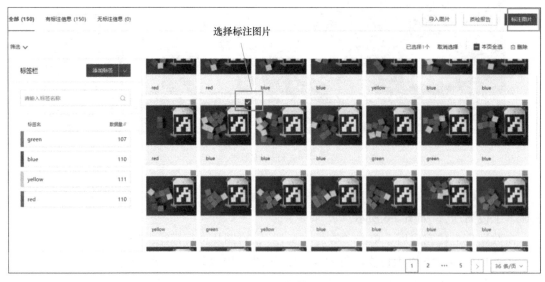

图 5-10　添加标签

由于使用的是 EasyDL 的图像分割功能，有些图像的形状不是规则的几何图形，因此可以选择多边形工具进行标注，如图 5-11 所示。

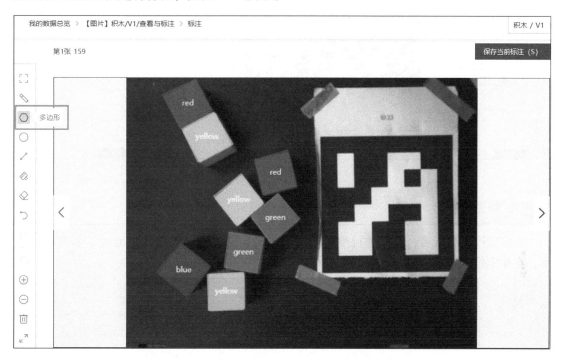

图 5-11　多边形工具进行标注

标注任务完成后，可以通过 EasyDL 平台对标注好的数据集进行训练。选择"开始训练"，如图 5-12 所示。

图 5-12　开始训练

整个训练过程 10～20min，训练完成后，需要对模型进行校验，查看模型的精度。如图 5-13 所示，可以看到当前模型 mAP 平均精度为 98.31%。

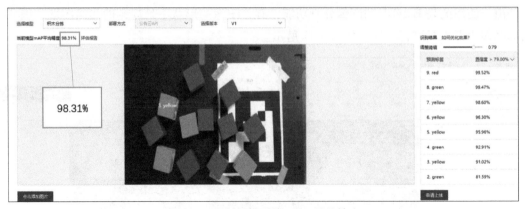

图 5-13　所训练模型的 mAP 平均精度

5.3.3　发布模型

在完成模型校验后，需要进行模型发布，才能获得模型调用的接口地址。如图 5-14 所示，在指定位置填上相应信息后即可发布模型。

图 5-14　发布模型

如图 5-15 所示，在"公有云服务"选项处选择"控制台选项"，可以获得已发布模型的数据信息。

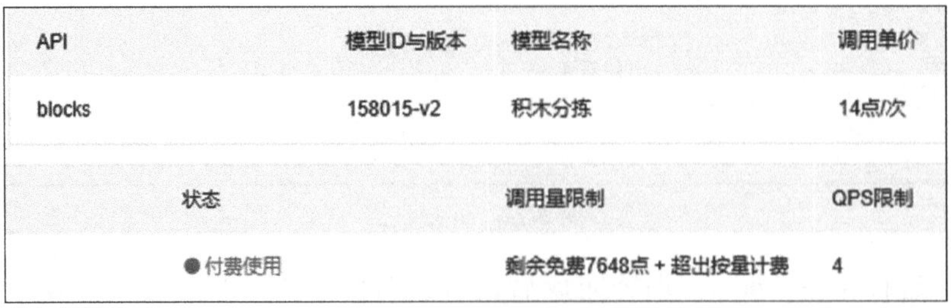

API	模型ID与版本	模型名称	调用单价
blocks	158015-v2	积木分拣	14点/次
状态	调用量限制		QPS限制
● 付费使用	剩余免费7648点 + 超出按量计费		4

图 5-15　选择"控制台选项"

最终获得该测试模型的 API Key 和 Secret Key，用于在线调用该模型，如图 5-16 所示。

图 5-16　API Key 和 Secret Key

5.4　语音识别技术原理简介

自动语音识别（Auto Speech Recognize，ASR）技术所需要解决的问题是让计算机能够听懂人类的语音，将语音中包含的文字信息提取出来。语音识别是一门涉及面很广的交叉学科，它与声学、语音学、语言学、信息理论、模式识别理论及神经生物学等学科都有非常密切的关系。

语音识别技术始于 20 世纪 50 年代，贝尔实验室研发了 10 个孤立数字的语音识别系统。此后，语音识别相关研究大致经历了 3 个发展阶段。

1）第 1 阶段是从 20 世纪 50 年代到 90 年代，这一阶段的语音识别仍处于探索阶段。这一阶段主要通过模板匹配——将待识别的语音特征与训练中的模板进行匹配从而实现语音识别。典型的方法包括动态时间规整（Dynamic Time Warping，DTW）技术和矢量量化（Vector Quantification，VQ）。DTW 依靠动态规划（Dynamic Programming，DP）技术解决了语音输入、输出不定长的问题；VQ 则是对词库中的字、词等单元形成矢量量化的码本作为模板，再用输入的语音特征矢量与模板进行匹配。总体而言，这一阶段主要实现了小词汇量、孤立词的语音识别。

2）第 2 阶段是从 20 世纪 90 年代到 21 世纪初，这一阶段的语音识别主要以隐马尔可夫模型（Hidden Markov Model，HMM）为基础的概率统计模型为主，识别的准确率和稳定性都得到了极大提升。该阶段的经典成果包括 1990 年李开复等研发的 SPHINX 系统，该系统以 GMM-HMM（Gaussian Mixture Model-Hidden Markov Model）为核心框架，是有史以来第一个高性能的非特定人、大词汇量、连续语音识别系统。GMM-HMM 结构在相当长时间内一直占据着语音识别系统的主流地位，并且至今仍然是学习理解语音识别技术的重要基础。此外，剑桥推出了以 HMM 为基础的语音识别工具包 HTK（HMM Tool Kit）。

3）第 3 阶段是 21 世纪至今，目前的语音识别建立在深度学习的基础上，得益于神经网络对非线性模型和大数据的处理能力，取得了大量成果。2009 年 Mohamed 等提出深度置信网络（Deep Belief Network，DBN）与 HMM 相结合的声学模型在小词汇量连续语音识别中取得成功。2012 年深度神经网络与 HMM 相结合的声学模型 DNN-HMM 在大词汇量连续语音识别（Large Vocabulary Continuous Speech Recognition，LVCSR）中取得成功，掀起利用深度学习进行语音识别的浪潮。此后，以卷积神经网络（Convolutional Neural Network，CNN）、循环神经网络（Recurrent Neural Network，RNN）等常见网络为基础的混合识别系统和端到端识别系统都获得了不错的识别结果和系统稳定性。目前，端到端的语音识别方法主要有基于连接时序分类（Connectionist Temporal Classification，CTC）和基于注意力机制（Attention Model）的方法，其中基于注意力机制的 Transformer 和 Conformer 是语音识别领域的主流模型。

通常一套完整的语音识别系统应该包括预处理、特征提取、声学模型、语言模型和搜索算法等模块，其结构示意图如图 5-17 所示。其具体流程为：语音信号在经过传声器接受后，转换为可进入系统输入端的电信号。接着，系统预处理输入信号，将信号切割成许多帧，并在开头和结尾时切断禁音段以避免影响后续操作。然后，系统会对剪切好的语音信号执行信号分析等相关操作，并进行特征抽取，以提取特征参数，使这些参数形成一组特征向量。最后，将特征参数与训练好的语言和声学模型相比较，根据具体规则，计算相应概率，选择与特征参数匹配的结果，得到语音识别的文本结果。语音识别的关键在于特征提取，以及语言模型和声学模型的训练程序。

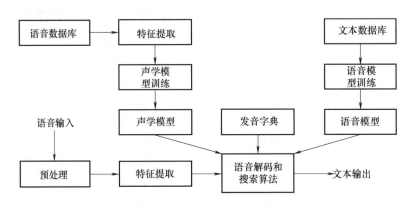

图 5-17　语音识别系统结构示意图

我国的语音识别起步于国家的"863 计划"和"973 计划"，中国科学院声学研究所等研究机构及顶尖高校尝试实现长时语音的汉语识别工作。如今中文语音识别技术已经达到国际领先水平。2015 年，清华大学建立了第一个开源的中文语音数据库 THCHS-30。2016 年，上海交通大学提出的非常深卷积网络（Very Deep Convolutional Neural Networks，VDCNN）提高了噪声语音识别的性能，并在此基础上进一步提出了非常深卷积残差网络（Very Deep Convolutional Residual Network，VDCRN）。百度于 2014 年、2016 年依次推出了 DeepSpeech 及其改进版本，并在 2017 年提出 Cold Fusion 以便于更好地利用语言学信息进行语音识别。该系统以 LSTMCTC（Long Short-Term Memory-Connectionist Temporal Classification）的端到端模型为基础，在不同的噪声环境下实现了英语和普通话的语音识别。2018 年，科大讯飞提出的深度全序列卷积神经网络（Deep Full-sequence Convolution Neural Networks，DFCNN）直接对语音信号进行建模，该模型采用的大量叠加卷积层能够储存更多历史信息，获得了良好的识别效果。同年，阿里巴巴提出低帧率深度前馈记忆网络（Lower Frame rate-deep Feedforward Sequential Memory Networks，LFR-DFSMN），将低帧率算法与 DFSMN 算法相结合，使错误率降低了 20%，解码速度却提升了近 3 倍。

下面简要介绍国内的代表性语音识别服务，包括百度语音、微软小冰、讯飞开放平台等。

（1）百度语音　百度语音的识别正确率较高，处理速度较快，能够满足用户的基本使用需求。对于用户而言，语音识别工具可用于将语音识别功能添加到开发的应用程序中，使用方便快捷。除了调用百度语音的 API 进行识别外，还可以利用百度 EasyDL 自助训练语言模型。

（2）微软小冰　微软小冰是微软互联网工程院基于提出的情感计算框架，采用代际升级的方式，逐步形成的人工智能体系。其产品形态包括会话人工智能机器人、智能语音助手等。新一代小冰上线的共感模型，结合了文本、全双工语音与实时视觉。

（3）讯飞开放平台　讯飞开放平台可以为开发人员创建智能化的人机交互解决方案。用户可以通过互联网获取讯飞提供的各种人工智能服务。目前，讯飞开放平台的服务形式为"云+端"，为开发人员提供语音识别、语音合成等功能。

5.5　基于 EasyDL 的语音识别

本节主要介绍如何基于百度 EasyDL 平台实现语音识别模型的创建、训练、评估、调用，以及调用百度 API 实现语音识别。

5.5.1　数据准备

本节中所使用的音频数据通过录音完成，语音文件格式要求如图 5-18 所示。本项目选择设置为单声道 16bit、采样率为 16000Hz 的 wav 格式，编写能够实现该要求的代码完成录音。请尽量选择在周围环境声音较小、人声较清晰的情况下进行录音，并对录制的音频进行筛选和处理。由于百度 API 接口有 60s 的音频时长限制，如果是将所有语音录制在一个音频文件中将导致时长过长，因此需要按照静音切分音频。本项目采取短句分开录制，故无须静音切分。同时需要准备与音频文件内容对应的标注文件，标注文件个数要求如图 5-19 所示。

语音文件格式要求

16k 16bit单声道pcm/wav文件
8k 16bit 单声道pcm/wav文件（客服场景）；
音频文件名请不要包含中文、特殊符号、空格等字符；
所有音频需打包压缩为zip文件格式后上传，zip大小不超过100M，解压后单个音频大小不超过150M

图 5-18　语音文件格式要求

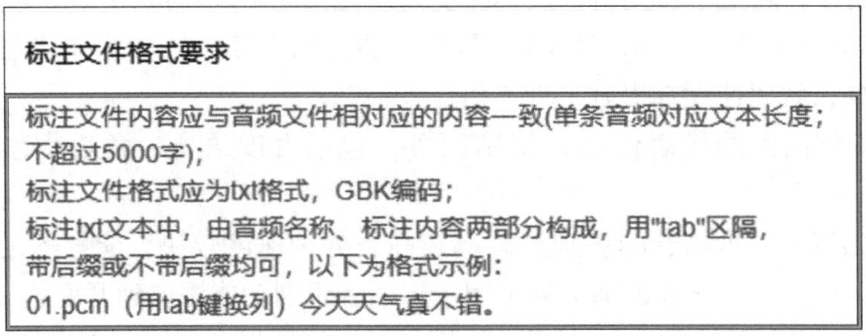
标注文件格式要求

标注文件内容应与音频文件相对应的内容一致(单条音频对应文本长度;不超过5000字);
标注文件格式应为txt格式，GBK编码;
标注txt文本中，由音频名称、标注内容两部分构成，用"tab"区隔，带后缀或不带后缀均可，以下为格式示例:
01.pcm（用tab键换列）今天天气真不错。

图 5-19　标注文件格式要求

5.5.2　模型训练与使用

（1）创建模型　在创建模型时，需要完成“基础信息”填写、“上传测试集”“选择基础模型”3 个环节，如图 5-20 所示。上传测试集后，EasyDL 通过上传音频和正确的标注文本评估基础模型的识别率，如图 5-21 所示，从而可以根据基础模型识别率选择最合适的基础模型进行训练。

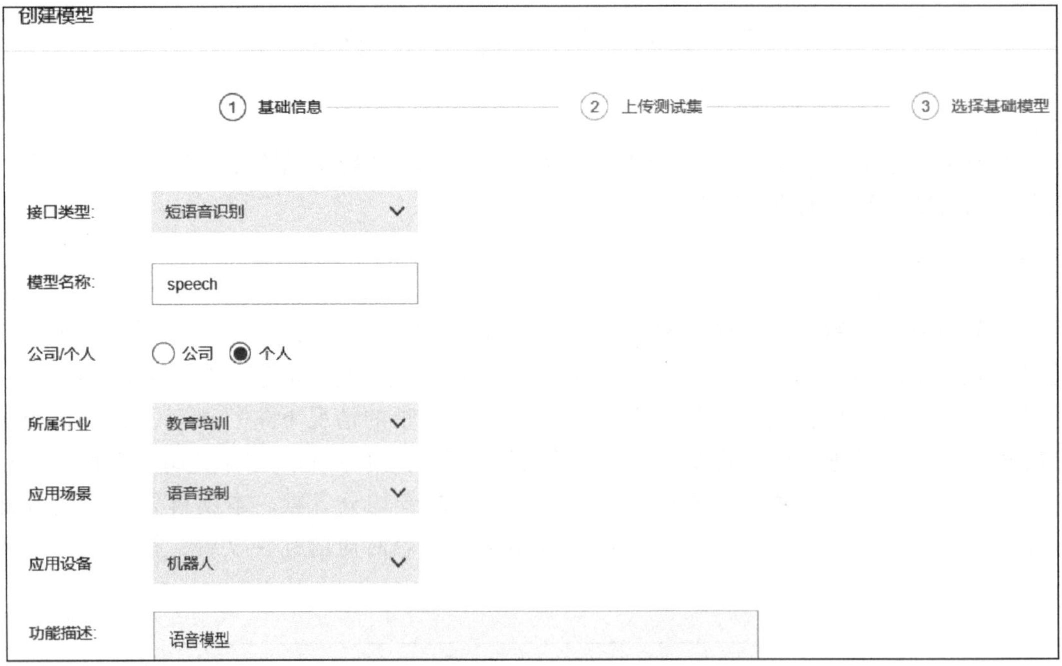

图 5-20　创建模型示意图

（2）训练模型　在训练模型中，选择需要训练的基础模型，并上传训练文本。在平台训练模型的界面有上传热词或者长段文本两种训练方式可以选择，本示例中选择上传热词，训练模型的流程如图 5-22 所示。

（3）上线模型　对模型和版本进行选择，选择识别效果最好的模型和版本上线，等待审核通过即可。

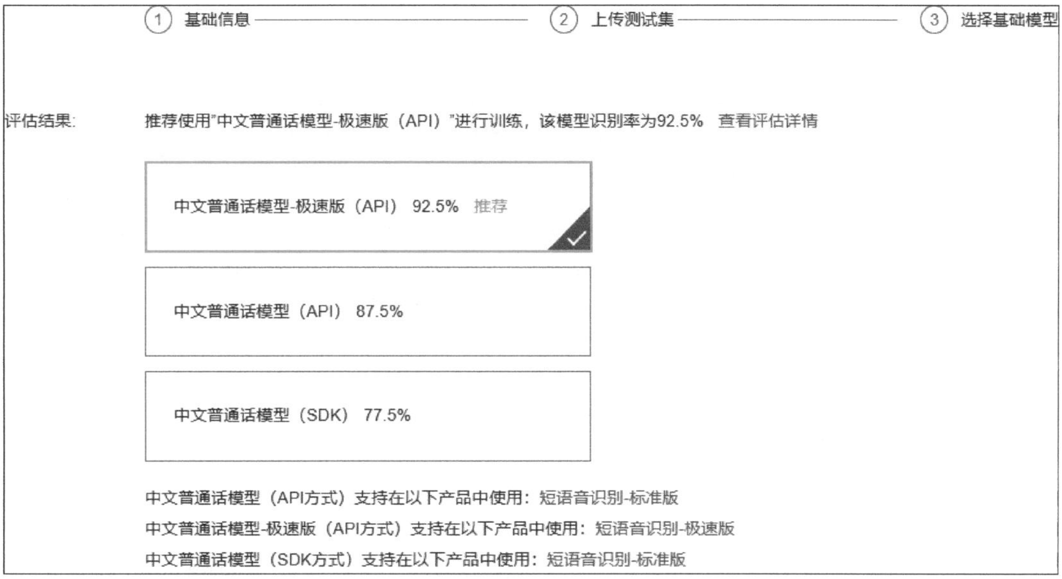

图 5-21 各个基础模型识别率

图 5-22 训练模型

（4）模型使用 创建语音技术应用，获取鉴权参数 AppID、API Key、Secret Key。创建应用的流程如图 5-23 所示，参数 AppID、API Key 和 Secret Key 如图 5-24 所示，获取专属模型参数即模型 ID 和基础模型 pid 如图 5-25 所示。最后，通过 REST API 的调用方式可以使用训练好的模型。

图 5-23　创建应用的流程

应用名称	AppID	API Key	Secret Key	HTTP SDK
speech_recognition	25755587	2MAno3YB2UXpRkByLtHwhPPz	******* 显示	**语音技术** 无 [?]

图 5-24　参数 AppID、API Key、Secret Key

产品类型	基础模型	调用方式	鉴权参数	专属模型参数	操作
短语音识别	中文普通话模型 （API方式）	REST API	API Key, Secret Key	lm_id=16403, dev_pid=1537	测试demo下载　技术文档

图 5-25　模型参数图

5.6　短语音识别 API

如果读者的时间有限，或者采用 EasyDL 自训练模型的识别效果没有达到预期目标，可以使用百度短语音识别 API 来直接进行语音识别。经测试，直接调用百度短语音识别 API 的语音识别准确率更高。

5.6.1　登录百度 AI 开放平台

1）进入百度 AI 开放平台中的控制台（https://console.bce.baidu.com/？fromai＝1#/aip/overview），选择需要使用的 AI 服务项。若为未登录状态，将跳转至登录界面，使用百度账号登录。

2）首次使用，登录后将会进入开发者认证页面，需填写相关信息完成开发者认证。

3）通过控制台左侧导航（见图 5-26）选择语音技术，进入语音技术的控制面板，进行相关操作。

图 5-26　进入语音技术的控制面板

5.6.2　领取免费额度

新用户使用语音技术可以在控制台领取相应接口的免费测试额度进行接口调用，免费额度有效期自领取成功之日开始计算。有效期截止后，免费调用额度清零。

5.6.3　创建应用

需要创建应用才可以正式调用语音技术能力，应用是调用服务的基本操作单元。可以基于应用创建成功后获取的 API Key 和 Secret Key，进行接口调用操作，图 5-27、图 5-28 所示的操作流程，可以完成创建操作。

图 5-27　创建应用

图 5-28　填写信息

应用名称：用于标识所创建的应用的名称，支持中英文、数字、下划线及中横线，此名称一经创建完毕，不可修改。

接口选择：每个应用可以勾选业务所需的所有 AI 服务的接口权限，语音技术下全部接口已默认勾选，应用创建完毕，则此应用具备了所勾选服务的调用权限。

应用归属：可选择个人使用或公司使用服务。

应用描述：对此应用的业务场景进行描述。

5.6.4　获取密钥

在应用创建完毕后，平台将会分配给我们此应用相关凭证，主要为 AppID、API Key、Secret Key。以上 3 个信息是实验中的主要凭证，如图 5-29 所示。

AppID	API Key	Secret Key
23561982	lGmdTTY8OkCWwnlxdx5YbDbV	******* 显示

图 5-29　获取密钥

5.7　声控分拣机器人实验

5.7.1　主要程序

1）本实验流程与 4.5 节基于 EasyDL 的码垛机器人的实验流程类似，在其基础上增加了语音识别功能用于判断使用者需要分拣的木块颜色，这里着重介绍语音识别功能，对于 ROS 下相机使用、Dobot 使用、TF 树的发布与坐标变换不做重复介绍。

2）语音识别的前提是采集音频信息。本实验中提供了一个录音程序。

```
def record(self):  #录音程序
CHUNK=1024
FORMAT=pyaudio.paInt16
CHANNELS=1
RATE=16000#百度语音接口只提供 16000Hz 和 8000Hz 两种采样率，在此选择 16000Hz 进行采样
RECORD_SECONDS=self.time#录音时间可以自己设定
WAVE_OUTPUT_FILENAME='录音结果保存路径(英文).wav'
p=pyaudio.PyAudio()
stream=p.open(format=FORMAT,
              channels=CHANNELS,
              rate=RATE,
              input=True,
              frames_per_buffer=CHUNK)
print("*recording")
frames=[]
for i in range(0,int(RATE/CHUNK*RECORD_SECONDS)):
  data=stream.read(CHUNK)
  frames.append(data)
print("*done recording")
stream.stop_stream()
stream.close()
p.terminate()
wf=wave.open(WAVE_OUTPUT_FILENAME,'wb')
wf.setnchannels(CHANNELS)
wf.setsampwidth(p.get_sample_size(FORMAT))
wf.setframerate(RATE)
wf.writeframes(b''.join(frames))
wf.close()
```

3）利用百度 API 对采集到的音频文件进行语音识别，对识别到的结果进行判断。

```
#对语音进行识别
#申请得到的百度 APP_ID、API_KEY、SECRET_KEY
APP_ID='25****39'
```

```
API_KEY='vt1Qkuwt******BAws5QmFcp'
SECRET_KEY='jkwZoHA*******7I7m4YzaewCH2oIU2'
client=AipSpeech(APP_ID,API_KEY,SECRET_KEY)
file_handle=open('录音程序保存的文件路径(英文).wav','rb')
file_content=file_handle.read()
result=client.asr(file_content,'wav',16000,{'dev_pid':'1936',})#百度API的调用
if result['err_no']==0:
    print(datetime.datetime.now().strftime('%Y-%m-%dH:%M:%S')+">>"+result['result'][0])
    u=result['result'][0]
    s=u.encode('utf-8')
    pattern=re.compile('抓')
    pattern1=re.compile('黄色')
    pattern2=re.compile('绿色')
    search=pattern.search(s)
    search1=pattern1.search(s)
    search2=pattern2.search(s)
    if search is not None and search2 is not None:
    Cubecolor='yellow'#这里的颜色要与图像检测的标签一致
  else if search is not None and search2 is not None:
    AnotherCube='green'
  else:
    print(datetime.datetime.now().strftime('%Y-%m-%dH:%M:%S')+">>"+"err_no:"+str(result['err_no']))
```

5.7.2 实验过程

1）在工作空间中，输入以下命令找到相机的节点：

```
ls/dev/video*
```

2）输入以下命令打开相机：

```
roscore
roslaunch usb_cam usb_cam-test.launch
```

3）新建一个窗口，输入以下命令打开画框框的节点：

```
rosrun opencvtest sorting
```

4）新建窗口，输入以下命令进行坐标系变换：

```
rosrun axif_tf TFcamtorobot
rosrun axif_tf transform_base
```

5）新建窗口，输入以下命令开启DObot：

```
ls/dev/ttyUSB
sudo chmod 666/dev/ttyUSB0
rosrun dobot DobotServer ttyUSB0
```

```
rosrun dobot gohome
rosrun dobot DobotClient_PTP
cd ~/catkin_ws/src/opencvtest/src
python2 Baidutest2.py
```

实验结果如图 5-30 所示。

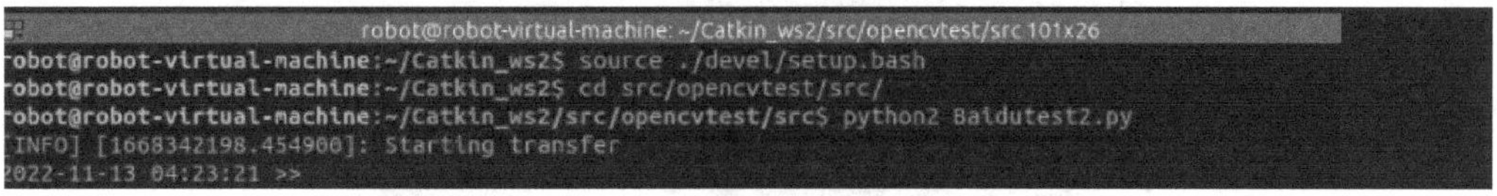

图 5-30　启动语音识别程序

此时，对传声器说出"抓取绿色方块"，就会在预先设置好的路径中生成一个音频文件，供百度 API 识别，如图 5-31 所示。

PycharmProjects ▾

ASR.wav

图 5-31　生成音频文件

语音识别成功后，将返回的颜色和位置信息输出到终端，本项目设置为 green，如图 5-32 所示。

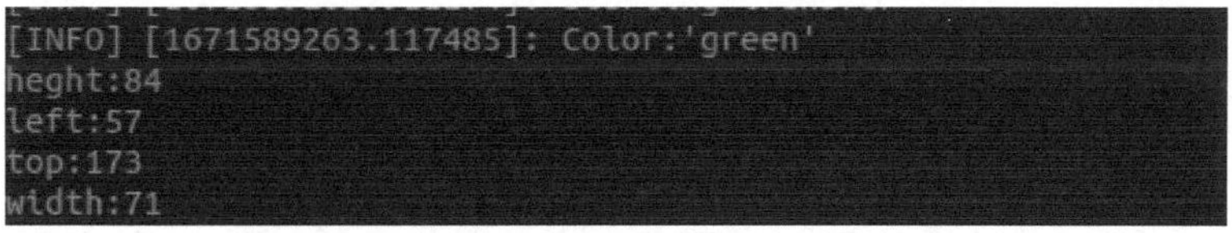

```
[INFO] [1671589263.117485]: Color:'green'
heght:84
left:57
top:173
width:71
```

图 5-32　语音识别结果

然后，机械臂将进行木块抓取，如图 5-33、图 5-34 所示。

图 5-33　语音识别图像

图 5-34　机械臂抓取

5.8　课后习题

1. 目标检测、语义分割、实例分割的区别是什么？分别举例说明。
2. 调研实例分割的常用算法，选一种算法详细介绍。
3. 总结语音识别的发展史。
4. 结合流程图描述语音识别的基本流程。

第 6 章

EAI 机器人自主导航

6.1 项目简介

近年来，各类移动机器人开始应用在人们的生活中，如用于草坪维护的智能割草机器人（图 6-1 所示为赛格威智能割草机器人）、用于图书馆等场所引导的服务机器人（图 6-2 所示为已经用于部分图书馆的两种引导机器人）。这些机器人在工作之前都要对工作环境进行建图，相当于让机器人知道自己所处的静态环境。在建图之后，给机器人设置目标，机器人才能正常工作。

图 6-1 智能割草机器人

图 6-2 图书馆中的引导机器人

当我们在图书馆中不知道餐厅或休息室在哪时，可以让图书馆中的引导机器人带我们去，这就相当于给机器人设置目标点为餐厅或休息室，然后机器人就可以通过自主导航带我们到达目标点。

本章将通过 Gmapping 方法完成建图，然后通过自适应蒙特卡洛定位（Adaptive Monte Carlo Localization，AMCL）来获取机器人位姿，最后通过 move_base 实现机器人自主导航。在 move_base 自主导航实验中，通过在 RViz 中设置目标点（相当于图书馆例子中设置的餐厅或休息室），最后机器人就会自主导航到达设置的目标点，并且会设计实时避障，这里不做介绍。

6.1.2　项目目的及实验设备

本项目主要目的是为了引领读者了解激光雷达工作的基本原理及实现基于 2D 雷达与轮式里程计的周边环境建图、定位与复杂环境下的路径规划 3 项任务，最终实现 EAI 机器人的自主导航任务。本实验需要一台 EAI 机器人（包含 DashGo 移动底盘、激光雷达（YDLIDAR G1））和一台安装 Ubuntu 系统的主机。

6.1.3　项目流程

本项目可以分为 3 个子模块，分别为：

1）Gmapping 建图（收集环境信息，创建栅格地图）。

2）AMCL 粒子滤波定位（预估粒子群评分，获取机器人位姿）。

3）move_base 运动规划（基于静态地图的全局规划与动态障碍物检测为基础的局部规划，规划与控制机器人运动）。

每个模块的具体原理和实现流程会在后面的小节具体讲述。

项目总流程如图 6-3 所示。

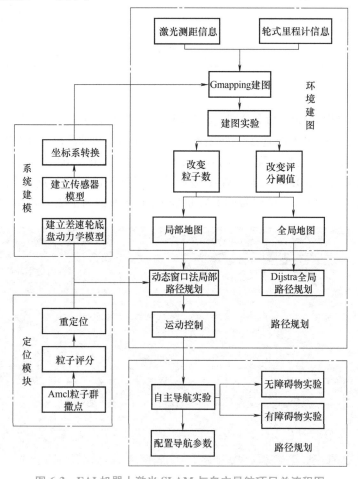

图 6-3　EAI 机器人激光 SLAM 与自主导航项目总流程图

注：SLAM（Simultaneous Localization and Mapping，及时定位与地图构建）

6.2 EAI 机器人的编译与使用

1. 修改 IP

读者可以采用有线和无线两种方法连接 EAI 机器人，用一根网线连接 EAI 机器人上的路由器，或者连接名叫 HiWiFi_xx（工控机内部已设定 xx 值）的 WiFi，WiFi 连接界面如图 6-4 所示。

图 6-4　WiFi 连接界面

读者可在终端中用 ifconfig 命令分别查看 PC 和 EAI 机器人的 IP 地址。EAI 机器人并没有自带显示器和键盘，读者可以自行连接。如果没有多余的显示器和键盘，可以尝试直接使用默认的密码和 IP，一般不会有人更改。默认密码为 eaibot，默认 IP 为 192.168.31.200。

这里为保险起见，令 EAI 机器人连接显示器和键盘确认，在其终端使用 ifconfig 命令，终端显示界面如图 6-5 所示，可以看到 EAI 机器人的 IP 地址为 192.168.31.200。

```
eaibot@PS3B-D1:~$ ifconfig
eth0      Link encap:Ethernet  HWaddr 70:e9:4c:68:0f:69
          inet addr:192.168.31.200  Bcast:192.168.31.255  Mask:255.255.255.0
          inet6 addr: fe80::72e9:4cff:fe68:f69/64 Scope:Link
          UP BROADCAST RUNNING MULTICAST  MTU:1500  Metric:1
          RX packets:111 errors:0 dropped:0 overruns:0 frame:0
          TX packets:93 errors:0 dropped:0 overruns:0 carrier:0
          collisions:0 txqueuelen:1000
          RX bytes:17068 (17.0 KB)  TX bytes:12303 (12.3 KB)

lo        Link encap:Local Loopback
          inet addr:127.0.0.1  Mask:255.0.0.0
          inet6 addr: ::1/128 Scope:Host
          UP LOOPBACK RUNNING  MTU:65536  Metric:1
          RX packets:1212 errors:0 dropped:0 overruns:0 frame:0
          TX packets:1212 errors:0 dropped:0 overruns:0 carrier:0
          collisions:0 txqueuelen:1000
          RX bytes:91280 (91.2 KB)  TX bytes:91280 (91.2 KB)
```

图 6-5　EAI 机器人 IP

　　需要使 PC 和 EAI 机器人在同一网段下，即设置 PC 的 IP 与 EAI 机器人的 IP 前三位相同，但最后一位不能相同，且必须是 0~255 之间的数字。更改 PC 的 IP 的方法如下：打开"设置"界面，单击"网络"→"网络连接的设置"→"IPv4"，选择"手动"，地址前三位和 EAI 机器人相同，最后一位为 0~255 之间的数字，与 EAI 机器人不同。图 6-6 所示分别为有线和无线的设置方法。

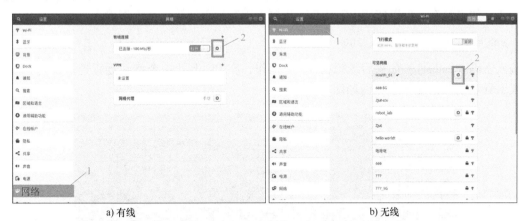

a) 有线　　　　　　　　　　　　　　　　　　b) 无线

图 6-6　Ubuntu 设置 IP 的方法

　　这里以无线连接为例，设置 PC 的 IP 地址为 192.168.31.32，子网掩码为 255.255.255.0，设置界面如图 6-7 所示。

图 6-7　网络设置

设置完后记得关闭再打开有线或无线连接。另外，如果实验结束后发现无法用有线上网，则改成自动。

2. ssh 远程连接

如果在 EAI 机器人上连接了显示器和键盘，可以跳过此步，直接在 EAI 机器人上进行下一步。如果没有，可以使用 PC 对 EAI 机器人进行远程连接，在终端输入：

ssh eaibot@192.168.31.200

再输入密码（eaibot）。如果后续想在 PC 上操作，在 PC 上开一个终端远程连接即可，成功进入 EAI 机器人终端显示界面如图 6-8 所示。

图 6-8　进入 EAI 机器人终端成功界面

3. 修改 PC 和工控机 hosts 文件

分别在 PC 和工控机上修改 hosts 文件，加入对方的 IP 地址和计算机名，IP 地址通过 ifconfig 查看。主机名用 hostname 命令查看，可以看到工控机的 hostname 为 PS3B-D1。本项目当前 PC 的 IP 和 hostname 如图 6-9 所示，不同的计算机不同，请读者自行查看。

图 6-9　查看网络配置

然后修改 PC 和工控机的 hosts 文件，分别在 PC 和工控机上输入：

```
sudo vim/etc/hosts
```

按<I>键进入编辑，加入对方的 IP 和 hostname，IP 与 hostname 中的间隔最好使用<Tab>
键补全，编辑完成后按<Esc>键进入命令行模式，再输入"：wq"，保存并退出。注意只能
加入一条，可将其他人的 IP 删除，如图 6-10 所示。

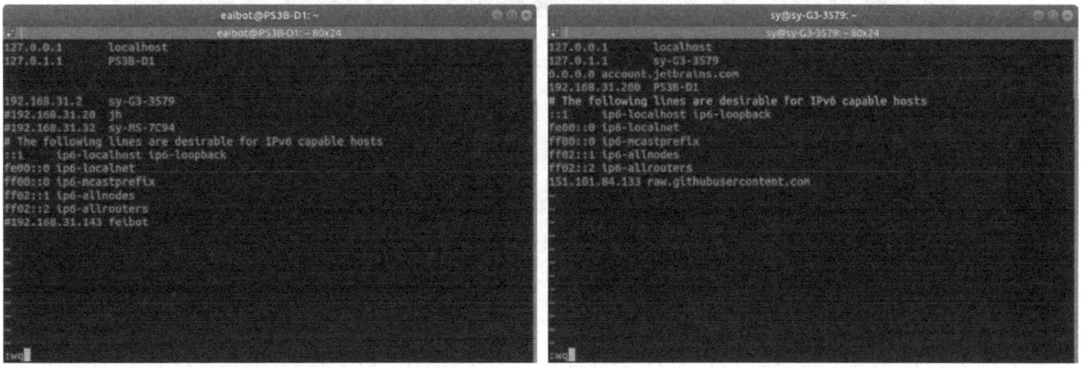

图 6-10　修改 hosts

设置完成后，分别在两台计算机上使用 ping 命令，测试网络是否连通。网络连接成功
的结果如图 6-11 所示。

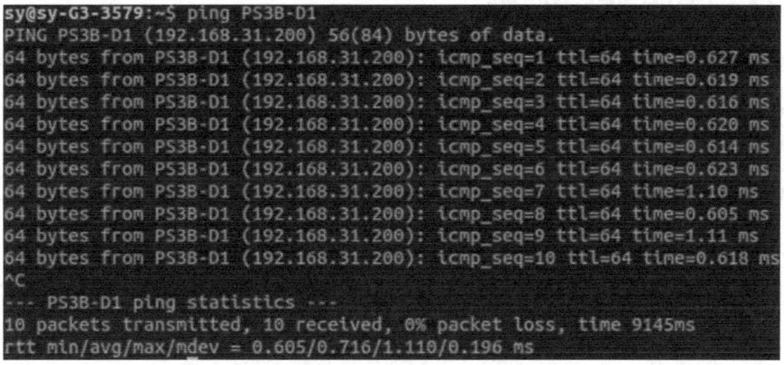

图 6-11　ping 命令测试网络是否连通

如果双向网络都畅通，说明底层网络的通信没有问题。

4. 设置 ROS 相关的环境变量

设置 ROS_MASTER_URI，因为系统中只能存在一个 Master，所以 PC 需要知道 Master 的
位置。ROS Master 的位置可以使用环境变量 ROS_MASTER_URI 进行定义，在 PC 上使用如
下命令设置 ROS_MASTER_URI。

```
export ROS_MASTER_URI=http://192.168.31.200:11311
```

但是以上设置只能在输入的终端中生效，为了让所有打开的终端都能识别，可分别打开
主机与从机的 .bashrc 文件，设置本机 IP 与主机 IP，如图 6-12 所示。

```
sudo vim .bashrc
```

```
source /opt/ros/kinetic/setup.bash
source /home/eaibot/catkin_ws/install_isolated/setup.bash
source /home/eaibot/dashgo_ws/devel/setup.bash
source /home/eaibot/package_ws/devel/setup.bash
export ROS_MASTER_URI=http://192.168.31.32:11311  主机IP
export ROS_HOSTNAME=192.168.31.200  本机IP
```

图 6-12 .bashrc 文件设置主从机

6.3 激光雷达的原理与使用

激光雷达（Light Detection And Ranging，LiDAR），是一种集激光、全球定位系统和惯性测量单元于一体的系统。这三种技术的结合，可以高度准确地定位激光束打在物体上的光斑，测距精度可达厘米级，激光雷达最大的优势就是精准和快速、高效作业。它是一种用于精确获得 3D 位置信息的传感器，其在机器中的作用相当于人类的眼睛，能够确定物体的位置、大小、外部形貌甚至材质。

6.3.1 激光雷达的工作原理

与微波雷达原理相似，激光雷达使用的检测原理是飞行时间（Time of Flight，TOF）法。具体来说，就是根据激光遇到障碍物后的折返时间（Round-trip Time），计算目标与自己的相对距离，如图 6-13 所示。激光光束可以准确测量视场中物体轮廓边沿与设备间的相对距离，这些轮廓信息组成点云并绘制出 3D 环境地图，精度可达到厘米级别，从而提高测量精度。

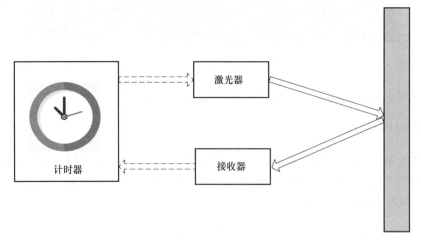

图 6-13 TOF 测距原理

三维激光雷达中相邻两个激光发射器在垂直方向上的角度固定，也叫作垂直分辨率。最上方和最下方激光发射器之间的角度为垂直扫描范围。当激光雷达工作时，激光发射器随机械旋转机构按固定角度进行 360°水平旋转，这个固定角度也叫作水平分辨率。1s 内激光发射器旋转的圈数为激光雷达的工作频率。

6.3.2　激光雷达的优点与应用

LiDAR 是通过发射激光束来探测目标位置、速度等特征量的雷达系统，具有测量精度高、方向性好等优点，具体如下：

1）具有极高的分辨率。激光雷达工作于光学波段，频率比微波高 2 或 3 个数量级以上。因此，与微波雷达相比，激光雷达具有极高的距离分辨率、角分辨率和速度分辨率。

2）抗干扰能力强。激光波长短，可发射发散角非常小的激光束，多路径效应小，可探测低空或超低空目标。

3）获取的信息量丰富。激光雷达可直接获取目标的距离、角度、反射强度、速度等信息，生成目标多维度图像，易于理解。

4）全天时工作。激光雷达采用主动探测方式，不依赖于外界光照条件或目标本身的辐射特性。它只需发射自己的激光束，通过探测发射激光束的回波信号来获取目标信息。因此，与相机相比，激光雷达具有 24h 工作的优点。

但是，激光雷达最大的缺点是容易受到大气条件及工作环境中烟尘的影响，要实现全天的工作环境是非常困难的事情。

由于激光雷达的诸多优点，以及技术的不断发展和普及，激光雷达的应用范围越来越广泛。无人驾驶、人工智能、3D 打印、AR/VR 等领域都有它的身影。

6.3.3　激光雷达的性能度量

对激光雷达来说，最重要的性能度量包括轴向测距精度、横向测量分辨率、视角范围、帧率、发射功率、最大测量距离、功耗、成本等。下面将针对相关性能度量做简单说明。

1）轴向测距精度：一般是指针对固定距离多次测量后的标准偏差，它与测距分辨率不同。测距分辨率主要是指激光雷达对轴向上的多个目标的区分能力。激光雷达获取的数据可以进行障碍物识别、动态物体检测及定位，如果精度太差，就无法达到以上目的。但是，精度太高也有问题，高精度对激光雷达的硬件提出很高的要求，计算量会非常大，成本也会非常高。所以，精度应该适中。

2）视场角及横向测量分辨率：视场角是指 LiDAR 在水平和垂直方向上的视野范围，而横向或角分辨率是 LiDAR 区分视角范围内相邻两点的能力。

3）发射功率及人眼安全：对激光雷达来说，具有较长的探测距离是非常重要的，这需要有较大的发射功率。然而，最大的发射功率会受到人眼安全规则的限制，这也是激光雷达相对微波雷达最大的设计影响因素，因为仅仅毫瓦级的激光束就可以对人眼产生严重的伤害。

4）最大测量距离：激光雷达最大的测量距离一般受限于发射功率和接收机的灵敏度。在及时避障这个功能上，对激光雷达的探测距离是有要求的。

表 6-1 所示为 EAI 机器人自带雷达 YDLIDAR G1 的性能参数。

表 6-1　YDLIDAR G1 的性能参数

功能	参数
测距频率	9000Hz
扫描频率	5~12Hz
测距半径	0.12~8m
扫描角度	360°
角分辨率	0.2°~0.48°

6.3.4　YDLIDAR G1 的使用

1. 修改启动雷达的 launch 文件

为了将雷达与底盘连接，需要在启动雷达的 flash_lidar.launch 中发布一个静态坐标系，连接雷达与基础坐标系，即在文件中添加：

```
<node pkg="tf" type="static_transform_publisher"
name="laser_frame_to_base_footprint"
arg="0.0 0.0 0.2 0.06 0.0 0.0"/base_footprint/laser_frame 40/>
```

由于雷达与底盘都遵循右手准则，而且摆放时雷达 0° 与底盘 0° 重合，因此它们的坐标变换关系，仅需要 x、y、z 平移，不需要翻转，因此后面的两个坐标变换参数为 0。

2. 启动雷达

EAI 机器人的内部装有 YDLIDAR G1 的功能包，在 dashgo_ws 工作空间下，文件名是 flashgo，用户可以运行雷达驱动程序：

```
roslaunch flashgo flash_lidar.launch
```

若出现端口无法寻找的问题，如图 6-14 所示，可以在 EAI 机器人终端输入：

```
cd/dev
ls
```

```
EAI Info, try to connect the port /dev/port4 again  after 2 s .
EAI Info, try to connect the port /dev/port4 again  after 4 s .
EAI Info, try to connect the port /dev/port4 again  after 6 s .
```

图 6-14　端口问题图

观察所需雷达端口是否被连接。若没有连接，更换 EAI 机器人上雷达连接端口即可。在观察到 EAI 机器人底盘上方的雷达开始旋转后，打开主机终端，输入 rviz 后，添加雷达扫描的信息，如图 6-15 所示。

若订阅后仍无画面，可以观察 Global Options 中的 Fixed Frame，所选坐标系是否为雷达坐标系，调节至雷达坐标系即可出现雷达扫描的点云图，如图 6-16 所示。

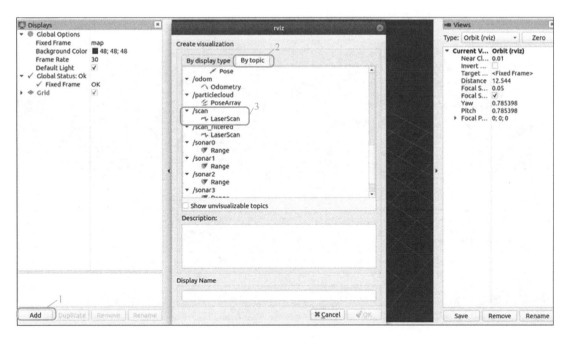

图 6-15　在 rviz 中显示雷达扫描信息

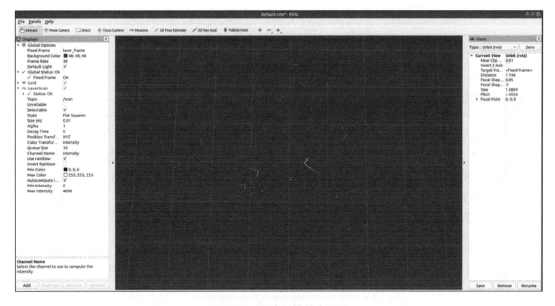

图 6-16　雷达扫描的点云图

3. 获取参数

在确定雷达的正常运行后，可以在终端中输入以下命令，以获取雷达的发布信息。

```
rostopic echo/scan
```

YDLIDAR G1 发布的信息内容包括：设定参数（扫描角度、扫描半径、雷达坐标轴名称等）、时间戳、障碍物距离等，如图 6-17 所示。

```
header:
  seq: 763
  stamp:
    secs: 1645187451
    nsecs: 740665325
  frame_id: "laser_frame"
angle_min: -3.14159274101
angle_max: 3.14159274101
angle_increment: 0.00873878411949
time_increment: 2.1961057417e-09
scan_time: 1.57900001341e-06
range_min: 0.0799999982119
range_max: 15.0
ranges: [0.4012500047683716, 0.4047499895095825, 0.0, 0.4102500081062317, 0.4127500057220459, 0.4165000021
 0.4377500116825104, 0.4427500069141388, 0.0, 0.45124998688697815, 0.46149998903274536, 0.0, 0.47350001335
, 0.4817500114440918, 0.0, 0.4947499930858612, 0.5077499747276306, 0.0, 0.5224999785423279, 0.0, 0.0, 0.0,
36743, 0.0, 1.621000051498413, 1.6332499980926514, 1.652250051498413, 0.0, 1.653749942779541, 0.0, 0.0, 1.
.656749963760376, 1.690750002861023, 0.0, 1.6720000505447388, 0.0, 0.0, 0.0, 0.0, 0.0, 0.0, 0.0, 0.0, 0.0,
0, 0.0, 0.0, 0.0, 0.0, 0.0, 0.0, 0.0, 0.0, 0.0, 0.0, 0.0, 0.0, 0.0, 0.0, 0.0, 0.0, 0.0, 0.0, 0.0, 0.0, 0.0
.0, 0.0, 0.0, 0.0, 0.0, 0.0, 0.0, 0.0, 0.0, 0.0, 0.0, 0.0, 0.0, 0.0, 0.0, 0.0, 0.0, 0.0, 0.0, 0.0, 0.0, 0.
086426, 2.5964999198913574, 0.0, 2.5934998989105225, 2.575500011444092, 2.578000068664551, 0.0, 2.58699989
0.0, 0.0, 0.0, 0.0, 0.0, 1.7347500324249268, 1.7292499542236328, 0.0, 1.7312500476837158, 0.0, 0.0, 0.0, 0
 0.0, 0.0, 0.0, 0.0, 0.0, 0.0, 0.0, 0.0, 0.0, 0.0, 0.0, 0.0, 0.0, 0.0, 0.0, 0.0, 0.0, 0.0, 0.0, 0.0, 0.0,
, 0.0, 0.0, 0.0, 0.0, 0.0, 0.0, 0.0, 0.0, 0.0, 0.0, 3.7279999256134033, 0.0, 0.0, 0.0, 0.0, 0.0, 0.0, 0.0,
, 0.0, 0.0, 0.0, 0.0, 3.3262500762939453, 3.2685000896453857, 0.0, 3.1982500553131104, 3.166749954223633,
0249786376953, 0.0, 5.326250076293945, 0.0, 0.0, 0.0, 0.0, 0.0, 0.0, 0.0, 0.0, 0.0, 0.0, 0.0, 2.378999948
0078201294, 2.3257501125335693, 2.305500030517578, 0.0, 0.0, 0.0, 0.0, 0.0, 0.0, 0.0, 0.0, 0.0, 2.40350000
```

图 6-17　雷达扫描信息

6.4　Gmapping 建图

6.4.1　Gmapping 建图原理

首先需要明确 3 个概念：①Gmapping 是基于滤波 SLAM 框架的常用开源 SLAM 算法；②Gmapping 基于 Rao-Blackwellised 粒子滤波（RBPF）算法，即将定位和建图过程分离，先进行定位再进行建图；③Gmapping 在 RBPF 算法上做了两个主要的改进（改进提议分布和选择性重采样）。

RBPF 的伪代码如图 6-18 所示。

Algorithm 1 Improved RBPF for Map Learning

Require:

$\mathcal{S}_{t-1}$, the sample set of the previous time step

z_t, the most recent laser scan

u_{t-1}, the most recent odometry measurement

Ensure:

$\mathcal{S}_t$, the new sample set

$\mathcal{S}_t = \{\}$

for all $s_{t-1}^{(i)} \in \mathcal{S}_{t-1}$ **do**

$< x_{t-1}^{(i)}, w_{t-1}^{(i)}, m_{t-1}^{(i)} > = s_{t-1}^{(i)}$

//scan-matching

$x_t'^{(i)} = x_{t-1}^{(i)} \oplus u_{t-1}$

图 6-18　RBPF 伪代码

$$\hat{x}_t^{(i)} = \text{argmax}_x\, p(x|\, m_{t-1}^{(i)}, z_t, x_t'^{(i)})$$

if $\hat{x}_t^{(i)}$ **=failure then**
$$x_t^{(i)} \sim p(x_t |\, x_{t-1}^{(i)}, u_{t-1})$$
$$w_t^{(i)} = w_{t-1}^{(i)} \cdot p(z_t |\, m_{t-1}^{(i)}, x_t^{(i)})$$
else
　　// sample around the mode
　　for $k = 1,...,K$ **do**
　　　$x_k \sim \{x_j |\, |\, x_j - \hat{x}^{(i)} |\, < \Delta\}$
　　end for
// compute Gaussian proposal
$$\mu_t^{(i)} = (0,0,0)^{\mathrm{T}}$$
$$\eta^{(i)} = 0$$
for all $x_j \in \{x_1,...,x_K\}$ **do**
　$\mu_t^{(i)} = \mu_t^{(i)} + x_j \cdot p(z_t |\, m_{t-1}^{(i)}, x_j) \cdot p(x_t |\, x_{t-1}^{(i)}, u_{t-1})$
　$\eta^{(i)} = \eta^{(i)} + p(z_t |\, m_{t-1}^{(i)}, x_j) \cdot p(x_t |\, x_{t-1}^{(i)}, u_{t-1})$
end for
$$\mu_t^{(i)} = \mu_t^{(i)} / \eta^{(i)}$$
$$\Sigma_t^{(i)} = 0$$
for all $x_j \in \{x_1,...,x_K\}$ **do**
　$\Sigma_t^{(i)} = \Sigma_t^{(i)} + (x_j - \mu^{(i)})(x_j - \mu^{(i)})^{\mathrm{T}}$
　　　　　$p(z_t |\, m_{t-1}^{(i)}, x_j) \cdot p(x_j |\, x_{t-1}^{(i)}, u_{t-1})$
end for
$$\Sigma_t^{(i)} = \Sigma_t^{(i)} / \eta^{(i)}$$
// sample new pose
$$x_t^{(i)} \sim \mathcal{N}(\mu^{(i)}, \Sigma_t^{(i)})$$

// update importance weights
$$w_t^{(i)} = w_{t-1}^{(i)} \cdot \eta^{(i)}$$
end if
// update map
$$m_t^{(i)} = \text{integrateScan}(m_{t-1}^{(i)}, x_t^{(i)}, z_t)$$
// update sample set
$$\mathcal{S}_t = \mathcal{S}_t \cup \{< x_t^{(i)}, w_t^{(i)}, m_t^{(i)} >\}$$
end for
$$N_{\text{eff}} = \frac{1}{\sum\limits_{i=1}^{N} (\overline{w}^{(i)})^2}$$
if $N_{\text{eff}} < T$ **then**
　$\mathcal{S}_t = \text{resample}(\mathcal{S}_t)$
end if

图 6-18　**RBPF 伪代码**（续）

代码的主要输入参数有：上一时刻的粒子群分布；最近时刻的 scan（雷达扫描数据）、odom（轮式里程计数据）。由于建图流程与 AMCL 定位流程较为相似，因此在 6.5 节中会具体介绍粒子滤波在机器人定位中的具体流程，Gmapping 流程图如图 6-19 所示。

6.4.2　Gmapping 建图实验流程

1. 启动建图的 launch 文件

EAI 机器人的工控机自带 Gmapping 的建图功能包，因此用户可以直接启动建图：

```
roslaunch dashgo_nav gmapping.launch
```

launch 文件运行正常，则终端显示如图 6-20 所示。

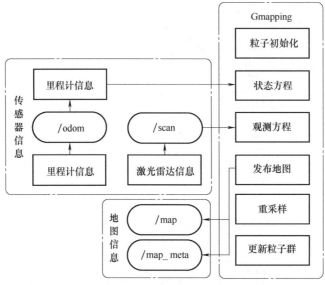

图 6-19　Gmapping 流程图

```
                    /home/eaibot/dashgo_ws/src/dashgo/dashgo_nav/launch/gmappi
                    /home/eaibot/dashgo_ws/src/dashgo/dashgo_nav/launch/gmapping
velocity_smoother (nodelet/nodelet)
world_canvas_server (world_canvas_server/world_canvas_server)

auto-starting new master
process[master]: started with pid [2082]
ROS_MASTER_URI=http://192.168.31.200:11311

setting /run_id to ac9f2b0e-23cc-11ed-9adf-70e94c680f70
process[rosout-1]: started with pid [2095]
started core service [/rosout]
process[dashgo_driver-2]: started with pid [2114]
process[nodelet_manager-3]: started with pid [2115]
process[velocity_smoother-4]: started with pid [2116]
process[dashgo_action-5]: started with pid [2117]
process[base_link_to_sonar0-6]: started with pid [2124]
process[base_link_to_sonar1-7]: started with pid [2132]
process[base_link_to_sonar2-8]: started with pid [2135]
process[base_link_to_sonar3-9]: started with pid [2147]
process[flashgo_node-10]: started with pid [2152]
process[base_link_to_laser4-11]: started with pid [2154]
process[robot_state_publisher-12]: started with pid [2172]
process[joint_state_publisher-13]: started with pid [2188]
process[slam_gmapping-14]: started with pid [2199]
process[move_base-15]: started with pid [2211]
process[world_canvas_server-16]: started with pid [2216]
process[rosbridge_websocket-17]: started with pid [2220]
process[rosapi-18]: started with pid [2243]
process[robot_pose_publisher-19]: started with pid [2250]
EAI Info, connected the port /dev/port3 , start to scan ......
EAI Info, Now Flash Lidar is scanning ......
registered capabilities (classes):
 - rosbridge_library.capabilities.call_service.CallService
 - rosbridge_library.capabilities.advertise.Advertise
 - rosbridge_library.capabilities.publish.Publish
 - rosbridge_library.capabilities.subscribe.Subscribe
 - <class 'rosbridge_library.capabilities.defragmentation.Defragment'>
```

图 6-20　正确开启时终端界面

2. 开始建图

在终端打开 RViz 可视化建图效果：

```
roslaunch dashgo_rviz view_navigation.launch
```

运行此 launch 文件，需要在本机中安装编译 dashgo_ws 的工作空间，该工作空间的下载地址为 https://github.com/EAIBOT/dashgo_d1。

打开 launch 文件效果如图 6-21 所示。

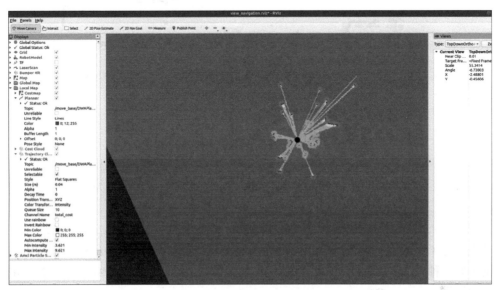

图 6-21　Gmapping 开启界面

显示窗口中，黑色圆形为机器人模型，再通过键盘或手柄控制小车移动来进行建图。可以看到随着小车的移动，RViz 中 map 话题数据不断更新。

3. 保存地图

跑完所需场景的每个角落，便可以使用 map_server 对地图进行保存：

```
rosrun map_server map_saver-f eai_map
```

eai_map 为导出地图名称，会生成 .yaml 与 .pgm 格式文件，其中 .yaml 文件保存地图的基本信息，主要包括：

1）image：pgm 地图所在位置。

2）resolution：地图分辨率，以 m 为单位。

3）origin：地图的初始位姿。

4）occupied_thresh：当图像中像素占用率大于这个阈值时，认为该像素被障碍物完全占用。

5）free_ thresh：当图像中像素占用率小于该阈值时，认为该像素完全自由。

最终建图效果如图 6-22 所示。

读者可在工控机保存地图的目录下输入 ls 查看是否存在所建地图的两个信息文件。

图 6-22 Gmapping 建立的栅格地图

6.5 AMCL 粒子滤波简介

6.5.1 AMCL 粒子滤波定位实现原理

首先需要了解 AMCL 粒子滤波是一种为解决蒙特卡洛定位（MCL）粒子滤波的绑架问题而诞生的一种方法，可用于机器人在环境中的定位。本节先通俗地介绍一下蒙特卡洛与粒子滤波的思想。

蒙特卡洛是一种思想或方法。例如：一个矩形内有一个不规则形状，如何计算不规则形状的面积？此面积计算困难，但可以近似。拿一堆豆子，均匀地撒在矩形上，然后统计不规则形状里的豆子数和剩余地方的豆子数。在已知矩形整体面积的情况下，通过估计可以得到不规则形状的面积。拿机器人定位来讲，它处在地图中的任何一个位置都有可能，因此粒子数量的多少与机器人的所在位姿可能性成正比。

在粒子滤波里，粒子数代表某个东西的可能性高低。通过某种评价方法，改变粒子的分布情况。在重新安排所有粒子的位置时，在评分高的位置附近多安排一些。如此几轮，粒子就都会集中到可能性高的位置。

MCL 粒子滤波的伪代码如图 6-23 所示。

AMCL 粒子滤波运用到机器人定位中的流程如下：

1）根据上一个位姿 X_{t-1} 和移动增量 delta，用运动采样模型产生（在原有粒子基础上按给定分布生成）若干数量（sample-count 个）的粒子，即生成若干个当前状态的可能位姿。

2）将激光雷达数据从激光坐标系换算到 baselink 坐标系，使用激光传感器模型为每一个粒子计算在其状态下获得测量 z_t 的概率，并计算总概率（totalweight）。

3）通过 1）和 2）获得了伪代码中的粒子和概率组合，现进行采样（可设定若干次数据更新采样一次）。采样后粒子数量不变，并重置所有粒子的概率为平均值（1/sample-count）。

4）对粒子进行聚类（cluster），计算每个 cluster 的位姿均值、概率（权重）均值、协

```
Algorithm MCL(x_{t-1}, u_t, z_t, m):
    x̄_t x_t=φ
    for m=1 to M do
        x_t^[m] =sample_motion_model(u_t, x_{t-1}^[m])
        w_t^[m] =measurement_model(z_t, x_t^[m], m)
        x̄_t = x̄_t + <x_t^[m], w_t^[m]>
    end for
    for m=1 to M do
        draw i with probability∝ w_t^[i]
        add x_t^[i] to x_t
    end for
    return x_t
```

图 6-23　MCL 粒子滤波的伪代码

方差等参数（实际中此步骤和 3）同时进行）。

5）获取平均概率最大的一个聚类，认为其是粒子滤波所得的最终机器人位姿。根据此位姿（机器人在 MAP 坐标系下的位置），修正 odom 坐标系下机器人的位姿（编码器累计值计算得到的机器人位姿），完成一个 MCL 滤波周期。

6.5.2　AMCL 实验步骤

运行自主导航 launch 文件，在 eaibot 终端输入以下命令运行 eaibot 的自主导航模块：

```
roslaunch dashgo_nav navigation.launch
```

在终端打开 RViz 可视化粒子滤波收敛过程：

```
roslaunch dashgo_rviz view_navigation.launch
```

初始打开 RViz 可见小车位于设定初始位姿处，并且周边包围有随机分布的粒子，基本朝向与小车朝向一致，如图 6-24 所示。

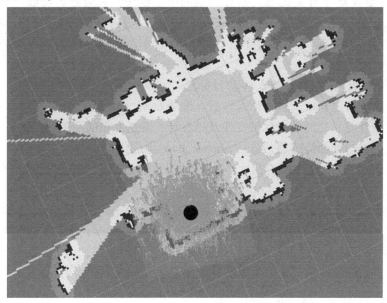

图 6-24　初始粒子群分布

当所建地图较小并无镜像区域时，可通过控制小车四处移动来完成全局定位，也可通过单击 RViz 中的 2D Pose Estimate 来设置小车的大致初始位姿（单击 2D Pose Estimate 后，在栅格地图上按住鼠标左键后设置初始朝向），从而加速对小车的全局定位。

在实现全局定位后，移动小车来实现粒子群的收敛，随着粒子群范围的减小，定位精度也会逐步提升，如图 6-25 所示。

图 6-25　移动后粒子群收敛

6.6　move_base 自主导航

6.6.1　move_base 实现原理

move_base 是 ROS 下有关机器人路径规划的中心枢纽，它通过订阅激光雷达、map、AMCL 等数据，规划出全局和局部路径，再将路径转化为机器人的速度信息，最终实现机器人导航。图 6-26 所示为 move_base 的框架图。

如图 6-26 所示，在传入机器人移动目标点"move_base_simple/goal"与先验地图信息（通过 map_server 传入）后，维持 move_base 运行的主要输入参数有：传感器（雷达、里程计等）之间的坐标轴变换及里程计、雷达发布的勘测信息。

在获取到足够的外部传感器信息后，move_base 生成代价地图，主要的有 inflation_layer（膨胀层）、obstacle_layer（障碍物层）、static_layer（静态层）、voxel_layer（体素层）4 个 plugins。一般全局路径需要静态层和膨胀层，因为全局规划只考虑地图信息，所以都是静态的；而局部路径规划需要考虑到实时的障碍物信息，所以需要障碍物层和膨胀层。

在生成代价地图之后，进行全局路径规划（global planner）和本地实时规划（local planner）。全局路径规划是根据给定目标位置进行总体路径规划；本地实时规划用于对附近障碍物进行躲避路线的规划。具体的规避参数主要由以下几个文件来设置：

```
Base_local_planner_params.yaml
```

```
Costmap_common_params.yaml
Global_costmap_params.yaml
Local_costmap_params.yaml
```

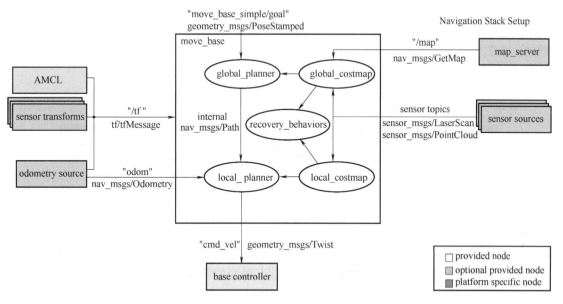

图 6-26　move_base 框架图

目前 ROS 中可以使用的 global planner 主要包括 A * 和 Dijkstra，local planner 主要有 dwa、trajectory、teb 和 eband 等。

在此不再赘述全局路径规划的相关原理，主要说明本地实时规划的实现原理。本地实时规划利用 base_local_planner 包实现，使用 Trajectory Rollout 和 Dynamic Window approaches 算法计算机器人每个周期内应该行驶的速度和角度（dx, dy, dθ）。具体演示图如图 6-27 所示。

base_local_planner 包根据地图数据，通过算法搜索到达目标的多条路经，利用一些评价标准（是否会撞击障碍物，所需要的时间等）选取最优的路径，并且计算所需要的实时速度和角度。其中，Trajectory Rollout 和 Dynamic Window approaches 算法的主要思路如下：

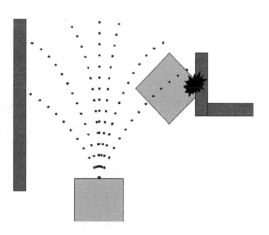

图 6-27　动态窗口法避障原理图

1）采样机器人当前的状态（dx, dy, dθ）。

2）针对每个采样的速度，计算机器人以该速度行驶一段时间后的状态，得出一条行驶的路线。

3）利用一些评价标准为多条路线打分。

4）根据打分，选择最优路径。

5）重复上面过程。

6.6.2 move_base 实验步骤

1. 修改自主导航 launch 文件

将 navigation. launch 文件中的载入地图换作使用 Gmapping 建成保存后的地图信息，其加载的为地图信息文件，即 . yaml 文件，navigation. launch 的绝对路径为：

```
cd dashgo_ws/src/dashgo/dashgo_nav/launch
```

navigation. launch 中通过 map_server 加载静态地图，如图 6-28 所示。

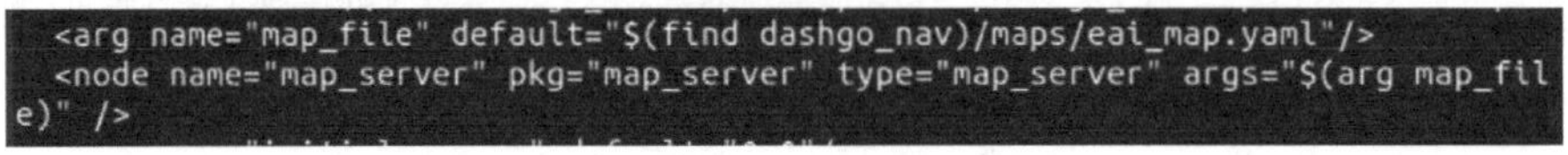

```
<arg name="map_file" default="$(find dashgo_nav)/maps/eai_map.yaml"/>
<node name="map_server" pkg="map_server" type="map_server" args="$(arg map_fil
e)" />
```

图 6-28　map_server 加载静态地图

2. 观察地图信息

RViz 可视界面中，围绕静态地图生成的蓝色栅格为其静态膨胀层，在 EAI 机器人周边形成的淡蓝色与粉色分别为局部地图中障碍物层与障碍物膨胀层。

3. 设置初始位姿

开启 RViz，单击 2D Pose Estimate，将机器人移动至实际初始位置，通过拖拽箭头，调整 EAI 机器人的初始位姿，如图 6-29 所示。

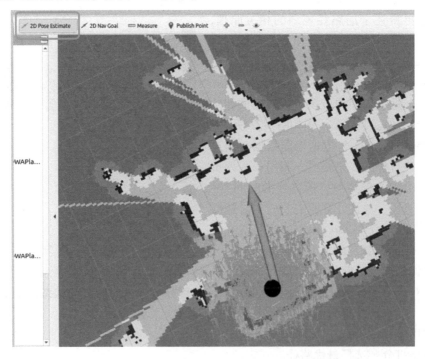

图 6-29　通过 2D Pose Estimate 调整机器人初始位姿

4. 设置目标点

鼠标单击 2D Nav Goal，在地图上选择要到达的目标点位置，调整好 EAI 机器人停止时的姿态。松开鼠标后，机器人便开始自主导航，依据运动规划路径运行一段时间后，EAI 机器人到达目标点，如图 6-30 所示。

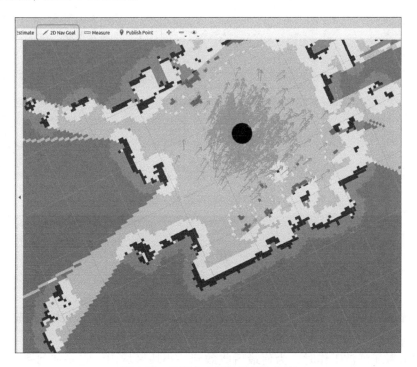

图 6-30　设置自主导航目标点位姿

EAI 机器人导航过程移动图如图 6-31 所示。

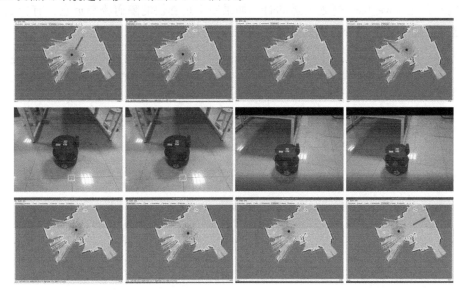

图 6-31　自主导航过程及机器人状态图

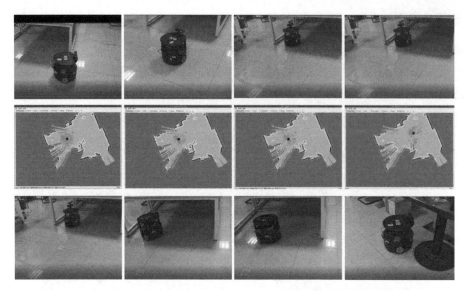

图 6-31　自主导航过程及机器人状态图（续）

6.7　课后习题

1. Gmapping 建图时，地图坐标与雷达坐标由什么来进行链接？具体的修改文件是什么？

2. Gmapping 与 Cartographer 的区别在哪？优、缺点各是什么？

3. AMCL 粒子滤波工作时，为何最后收敛到一小块区域内？它是如何跳出粒子绑架问题的？

4. 如果只用全局路径规划可以完成安全的自主导航吗？

5. 机器人在 move_base 规划下运动时，如果一个足够快的障碍物靠近它，有什么办法可以解决这个问题（或应该修改哪些参数）？

第7章

移动机器人视觉循码项目

7.1 项目简介

随着物流产业的蓬勃发展，智能分拣机器人应运而生。与人工相比，这些分拣机器人只需要扫描条形码或二维码，就可以知道快递的信息，通过跟随二维码等标志，将包裹运输到指定的投递口。这些机器人体积小巧，一个物流中心可以允许成百上千台机器人同步作业，而且它们不知疲倦，所有动作都由程序来进行操控，能够最大限度确保投递的准确率，有效地节省人力成本开支。图 7-1 所示为国内物流中心中使用的智能分拣机器人。

图 7-1　智能分拣机器人运作图

本项目的主要目的是帮助读者了解深度相机（Red Green Blue Depth Camera，RGB-D）和二维码的基本原理，以及实现基于二维码识别的移动机器人视觉循码任务（见图 7-2）。

图 7-2　EAI 机器人（包含 DashGo 移动底盘、Astra 相机）

本项目通过 EasyDL API 调用识别二维码的接口，然后通过 ROS 获得相机实时数据、调用 API 返回结果、获取深度数据、判断二维码位置、控制底盘移动。最终在复杂的环境下通过 EasyDL 模型的使用，完成对二维码的跟随。

EAI 机器人巡码整体流程分为 4 个模块，如图 7-3 所示，分别为：

1）ROS 发布 astra 相机信息，主机利用 OpenCV 获取图像和深度图像信息。

2）利用 EasyDL 或 pyzbar 识别二维码，并计算二维码位置。

3）利用深度图像信息计算二维码深度。

4）计算二维码位置，控制底盘跟随二维码移动。

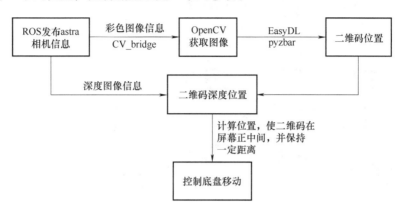

图 7-3　EAI 机器人巡码整体流程图

7.2　视觉循码原理

随着计算机控制技术的高速发展和推广，越来越多的运输系统开始实现无人操纵的自动化运行，在这一发展过程中发挥着重要作用的角色就是自动导引车（Automated Guided Vehicle，AGV）。

AGV 是指具有视觉、磁条等导引装置，沿预先规划好的路径行驶的自动化车辆，有功能单一集中、场地铺设和构成相对容易等优点。因此，AGV 广泛地应用在制造、运输等许多行业，是相当有前景的物流运输设备。AGV 引导方式主要有电磁引导、激光引导和视觉引导等，其中视觉引导随着计算机视觉技术的发展成为当前 AGV 导航算法的研究热点。相比于电磁引导的改变路径困难、激光导引的硬件成本较高，视觉引导具有成本低、易维护等特点。为提高 AGV 控制系统的稳定性，本项目采取二维码识别标签，并结合其结构简单、识别容错率高的特点，研究基于视觉定位和导航方法。

7.2.1　QR 二维码

QR（Quick Response，快速响应）二维码的图像生成阶段是指从编码（信息编码、纠错编码、加密编码）结束后到生成 QR 二维码符号的过程。为了保证识读，QR 二维码图像生成阶段做了大量的规范化工作。

QR 二维码符号中的功能图形是指二维码符号中用于符号定位校正、有固定形状的图形。功能图形有位置探测图形和其分隔符、校正图形、定位图形等，图 7-4 所示为各功能图形与信息数据的排列。

位置探测图形和其分隔符（位置探测符周围的浅色模块）用于对 QR 二维码符号的定位，其形状如图 7-5 所示。每个位置探测图形的形状都是固定的，形状呈黑白相间的同心正

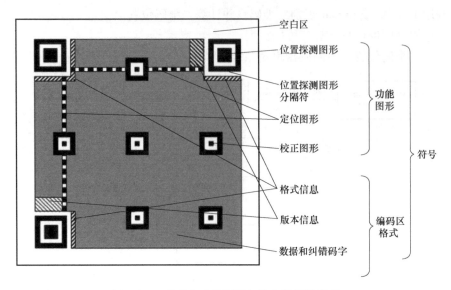

图 7-4　二维码各功能图形与信息数据的排列

方形，这有利于图像的识别。位置探测图形的模块宽度比为 1：1：3：1：1。位置探测图形可以说是二维码的关键标识，识别了这 3 个位置探测图形后，基本确认这是一个 QR 二维码图形。这 3 个固定的位置探测图形还可以确定 QR 二维码符号的方向，用于后面图像处理旋转摆正符号。位置探测图形分隔符是位置探测图形和编码区域之间的浅色模块，它的宽度为 1，用于将位置探测图形独立出来，更容易识别。

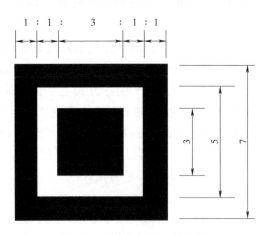

图 7-5　位置探测图形的结构

校正图形与位置探测图形相似，只是最中间的黑色正方形的边长是 1 个单位而不是 3 个单位。校正图形用于对 QR 二维码符号形状的校正，特别是对因拍照角度或印刷物体表面不平整造成的 QR 二维码符号图形畸变的校正。根据 QR 二维码版本的不同，校正图形的个数也不同，版本 1 没有校正图形，而版本 40 共有 46 个。

定位图形是两条深色、浅色模块交替的带子，类似标尺，在二维码上定义了网格。两个定位图形将 3 个位置的探测图形连接在一起。水平定位图形位于上方两个位置探测图形之间，垂直的位置是固定的，在上数第6行；垂直定位图形位于左侧两个位置探测图形之间，水平的位置是固定的，在左数第6列。

格式信息和版本信息记录了此码的格式和版本，有自己单独的运算规则。

二维码是将一些数字、字母、字符等人们共识的常规文字，转换成另外一种相对应的符号，即人们在二维码上看到的黑白方块，这些符号能够被机器识别和翻译成为常规文字。

二维码生成的方式有很多，读者可以自行搜索生成即可。这里以草料二维码为例，微信搜索"草料二维码"小程序，进入后选择"生码"，在输入框中输入文字或网址，就会生成相应的二维码。浏览器直接搜索"草料二维码生成器"，输入文字或其他类型文件，单击"生成二维码"，也可生成需要的二维码，生成过程如图7-6所示。

图7-6　生成二维码

7.2.2　RGB-D 相机原理

RGB-D 深度相机是近年来兴起的新技术，从功能上来讲，只是在 RGB 普通摄像头的功能上添加了一个深度测量。从实现这个功能的技术层面来分析，有双目、结构光、TOF 3 种主要技术。相比于双目通过视差计算深度的方式，RGB-D 相机的做法更加主动，它可以主动测量每个像素的深度。目前，RGB-D 相机的测距原理可以分为两大类：

1）红外结构光（Structured Light）原理测距，常见的相机有 Kinect 1 代、Intel RealSense 等。其工作原理是激光散斑编码，测量的距离为 0.1~10m，其分辨率居中，画面频率<100Hz，抗光强弱，功耗中等，需要投射图案。软件设计方面难度居中，硬件成本居中。户外使用对其效果有影响，室外需用功率大、成本高的配置，黑暗环境中也可以工作。成本方面取决于精度，精度越高，成本越高（1mm 精度千元量级，0.1mm 精度万元量级，0.01mm 精度几十万量级）。方案优势为结构光不受光照和纹理影响，其原理如图 7-7 所示。

2）TOF 原理测距，常见的有 Kinect 2 代。其测距原理是利用发射与反射信号时间差，能测得的距离为 0.1~100m。其分辨率偏低，一般是 QVGA（Quarter Video Graphics Array）或者 VGA 的分辨率，精度为毫米级或厘米级，其画面帧率较高，可以达到 36MHz 或者更高；能抵抗一定的光强，功耗较高，需要全部照射；软件相对结构光和双目相机比较简单，硬件成本高，户外使用影响较小，但是对于低功率配置来讲，影响较大，黑暗环境中可以正常工作。成本方面，TOF（Time of Flight）根据测定范围帧率不同，成本从几千到几百万元不等，TOF 不受光照和物体纹理影响，适合远距离大量程。其原理如图 7-8 所示。

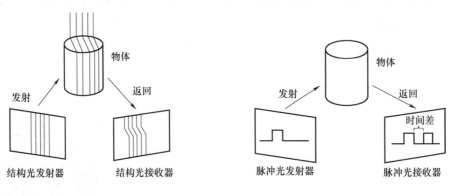

图 7-7　红外结构光原理　　　　　　　　　图 7-8　TOF 原理

不管是哪种类型，RGB-D 相机都会向物体发射一束光线。红外结构光会得到结构光图案，TOF 原理会得到光束的飞行时间，这和激光传感器很相似。在测量到深度后，RGB-D 相机会完成深度与彩色图像素之间的配对，从而在同一个图像的位置，读取到彩色信息和距离信息，计算像素的 3D 相机坐标，生成点云。

虽然 RGB-D 相机能实时测量每个像素点的距离，但是对比双目相机，其成本过高，而且容易受日光和其他传感器的干扰，不能在户外使用。在没有调制的情况下，多个 RGB-D 相机会互相干扰，对于某些透射材质的物体，反射光接收不到，也会无法测量。

7.3　基于 pyzbar 库的移动机器人视觉循码实现

二维码识别的方法有很多，本节介绍采用 Python3 的 pyzbar 库方法。

请读者注意，虽然 ROS 中自带 Python2 环境，但为了使用方便，这里建议在 Python3 中使用 ROS。本文采用 Anaconda 来配置 Python3 环境。

7.3.1　环境配置

1. 安装 Anaconda

读者可以在清华大学开源软件镜像站下载，其中也有安装教程，这里仅简单介绍，如图 7-9 所示。

下载链接为 https://mirrors. tuna. tsinghua. edu. cn/help/anaconda/ 。

图 7-9　下载 Anaconda

下载完成后在存放镜像的路径下运行 .sh 文件，终端输入以下代码：

```
bash Anaconda3-5.2.0-Linux-x86_64.sh
```

后面的安装过程出现的选择均选择 yes，但最后一步提示是否安装 VSCode 时，输入 no，如图 7-10 所示。

图 7-10　是否安装 VSCode

Anaconda 安装完成后，创建一个 Python3 的环境，格式为：

```
conda create-n 环境名 python=x. x
```

这里环境名命名为 ros3，Python 版本为 3.6，如图 7-11 所示。

图 7-11　创建 Python3 环境

Anaconda 虚拟环境创建完成后，终端输入下列格式的命令，激活并进入虚拟环境，如图 7-12 所示。

```
conda activate 环境名
```

2. 安装 OpenCV

1）安装依赖项，终端输入以下代码：

```
sudo apt-get install libopencv-dev
```

2）安装 OpenCV，建议添加清华源加快下载速度，终端输入下列代码，如图 7-13 所示。

```
python-m pip install opencv-python-i https://pypi.tuna.tsinghua.edu.cn/simple
```

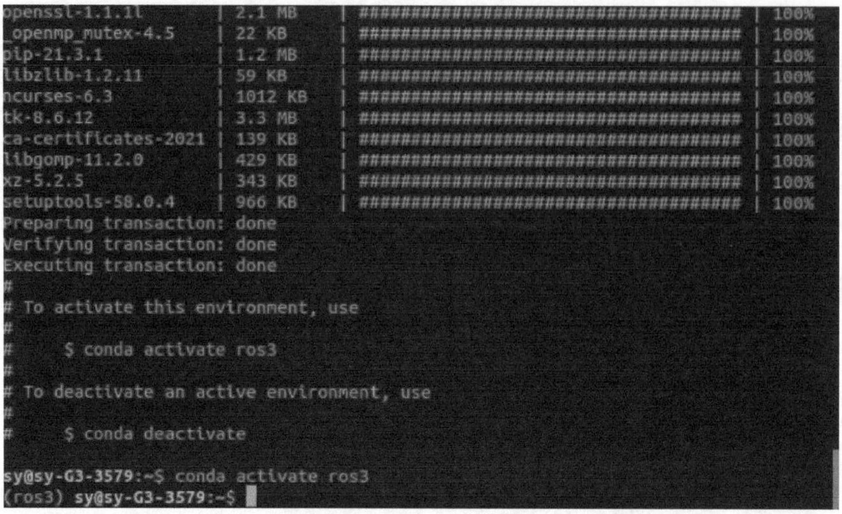

图 7-12　进入虚拟环境

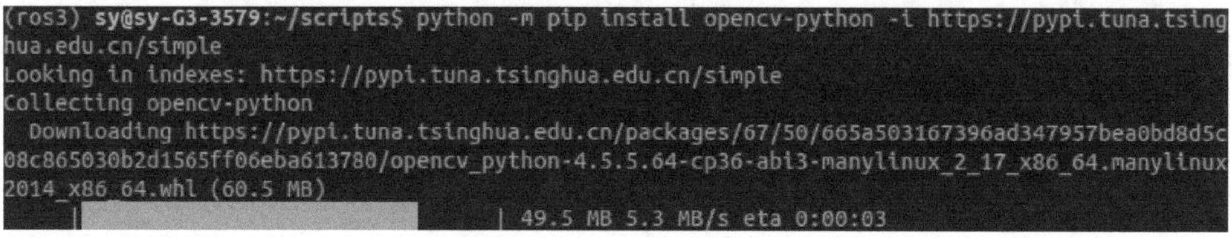

图 7-13　安装 OpenCV

3. 安装 cv_bridge

ROS 为开发者提供了与 OpenCV 的接口功能包——cv_bridge。我们可以通过该功能包将 ROS 中的图像数据转换成 OpenCV 格式的图像，并且调用 OpenCV 库进行各种图像处理；或者将 OpenCV 处理过后的数据转换成 ROS 图像，通过话题进行发布，实现各节点之间的图像传输。但 ROS 默认的 Python 版本是 Python2，若想使用 Python3，需要自己编译 cv_bridge，否则会报错。

1）安装相关依赖包，终端输入以下代码：

```
sudo apt-get install python-catkin-tools python3-dev python3-catkin-pkg-modules py-
thon3-numpy python3-yaml ros-melodic-cv-bridge
```

2）创建一个工作空间用于存放待编译的 cv_bridge 文件，终端输入以下代码（如果执行 catkin_make 时报错，可以参考 7.5 节可能遇见的问题）：

```
mkdir-p catkin_workspace/src
cd catkin_workspace/src
```

```
catkin_init_workspace
cd ..
catkin_make
catkin_make install
```

3）指示 catkin 设置 cmake 变量。

注意：ros-melodic 使用的是 Python3.6，而 kinetic 使用的是 Python3.5。

```
catkin init
```

```
catkin config-DPYTHON_EXECUTABLE=/usr/bin/python3-DPYTHON_INCLUDE_DIR=/usr/in-
clude/python3.6m-DPYTHON_LIBRARY=/usr/lib/x86_64-linux-gnu/libpython3.6m.so
```

```
catkin config--install
```

4）在 catkin_workspace 路径下，终端输入以下代码，克隆 cv_bridge（可能速度很慢，如果很慢，可以取消多试几次）。

```
git clone https://github.com/ros-perception/vision_opencv.git src/vision_opencv
```

5）开始编译 cv_bridge，终端输入下列代码：

```
catkin build
```

进入 Python3 环境后，先进入 catkin_workspace 工作目录下，运行下面的 source，再进入相关的节点工作空间（如 catkin_ws），即可启动使用 cv_bridge 库的相关节点。

```
cd catkin_workspace/
source devel/setup.bash
```

可以用如下方法进行验证：

```
cd catkin_workspace/
source install/setup.bash--extend
python
```

在 Python 环境下运行以下代码，如果不报错，就说明安装成功，如图 7-14 所示。

```
from cv_bridge.boost.cv_bridge_boost import getCvType
```

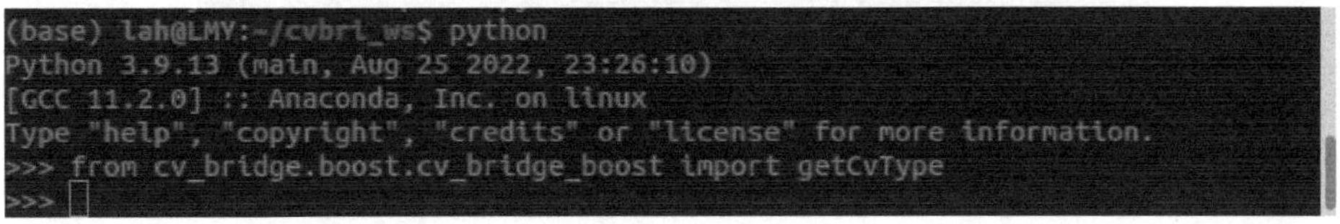

图 7-14　安装成功

为了更好地证明已经安装成功，可以运行 qrcode.py 文件，实现在 Python3 上运行 ROS，接收摄像头发布话题，并用 OpenCV 显示图像，终端运行界面如图 7-15 所示，OpenCV 显示图像如图 7-16 所示。

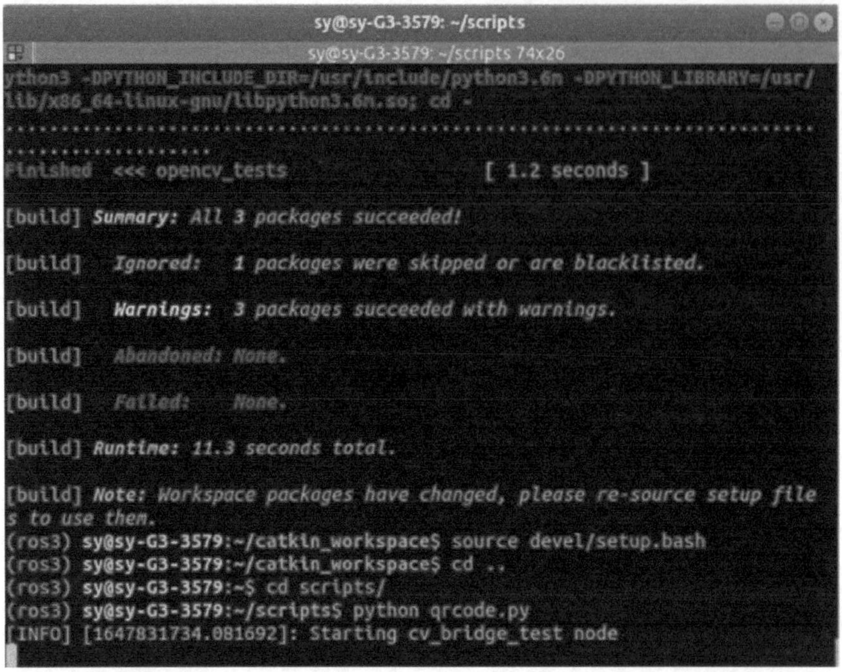

图 7-15　终端运行界面

图 7-16　OpenCV 显示图像

7.3.2　测量深度

1. 读取深度信息

由于使用的是深度相机，因此可以得到与彩色图片对应的深度图。深度图主要有 32 位和 16 位两种，32 位深度图即一个像素值占 4B，是 32 位浮点数，单位是 m；16 位深度图即一个像素值占 2B，是 16 位整数，单位是 mm。它们单位不同，使用时要注意单位转换。

可以用以下命令查看一个深度图 topic 是 16 位还是 32 位：

```
rostopic echo/深度图 topic 名/encoding
```

用 ROS 订阅深度图的话题，并用回调函数解码，最后会得到和彩色图分辨率相同的深度图，可以看成一个 640×320 的矩阵，矩阵内的值为深度，单位为 mm。代码如下：

```
rospy.Subscriber("/camera/depth/image_raw",Image,self.save_depth)
def save_depth(self,data:Image):
    self.depth=self.bridge.imgmsg_to_cv2(data,desired_encoding='16UC1')
```

2. 定位二维码位置

以 Python 的 pyzbar 库为例，当识别出二维码信息时，也可以得到二维码在二维图像中的位置，pyzbar.decode（）的结果实际上为［Decoded（data=b'二维码信息', type='二维码类型', rect=Rect（二维码区域左上角像素值，二维码区域长和宽），polygon=［左上角，左下角，右上角，右下角］）］，由此，可以利用 OpenCV 将二维码区域框出，计算二维码中心点坐标，并在深度图中读取中心点深度，将其作为距离。其代码如下，深度读取图如图 7-17 所示。

图 7-17 深度读取图

```
for tests in test:
        #先将它转换成字符串
        testdate=tests.data.decode('utf-8')
        testtype=tests.type
        #画框
        (x,y,w,h)=tests.rect
        cv.rectangle(cv_image,(x,y),(x+w,y+h),(0,255,0),2)
        #画中心点
        circle_point=(x+int(w/2),y+int(h/2),)
```

```
        cv.circle(cv_image,circle_point ,20,(0,255,0),2)
        #计算距离
        distance=self.depth[y+int(h/2)][x+int(w/2)]
        cv.putText(cv_image,str(distance),(x+int(w/2),y+int(h/2)),font,1,(0,0,
255),2)
```

由此还可以设计控制程序，如当二维码距离大于某一阈值时小车向前进，在画面中心点左边时向左转向，其代码如下，效果如图 7-18 所示。

```
center_x=int(x+w/2)
height,width=cv_image.shape[0:2]
screen_center=width/2
offset=50
#左右转向和移动
if center_x<screen_center-offset:
        testdate='a'
        print("turn left")
elif screen_center-offset <=center_x <=screen_center+offset:
        if distance>700:
            testdate='w'
            print("forward")
        elif distance<600:
            testdate='x'
            print("backward")
        else:
            testdate='s'
            print("keep")
elif center_x > screen_center+offset:
        testdate='d'
        print("turn right")
else:
    testdate='s'
    print("stop")
twist.linear.x=moveBindings[testdate][0]
twist.linear.y=moveBindings[testdate][1]
twist.linear.z=moveBindings[testdate][2]
twist.angular.z=moveBindings[testdate][3]
if testdate not in found:
#向终端打印条形码数据和条形码类型
print("[INFO]Found {} barcode:{}".format(testtype,testdate))
#print(printout)
try:
    self.cmd_pub.publish(twist)
      #print(twist)
except CvBridgeError as e:
    print(e)
```

567

372

627

945

图 7-18　效果图

7.3.3　二维码识别

1. 安装 pyzbar 库

终端输入以下代码安装 pyzbar 库：

```
sudo apt-get install libzbar-dev
```
或
```
pip install pyzbar
```

2. 制作二维码

二维码制作过程见 7.2.1 节。

3. 运行二维码识别程序

在 Anaconda 配置的虚拟环境中 qrcode_test.py 存放的目录下，输入以下代码运行 qrcode_test.py 文件：

```
python qrcode_test.py
```

运行过程如图 7-19 所示。

```
(ros3) sy@sy-G3-3579:~/scripts$ python qrcode_test.py
```

图 7-19　终端运行二维码识别程序

qrcode_test.py 的源码内容如下：

```
import cv2
```

```
from pyzbar import pyzbar
#然后设置一个变量,来存放扫描的二维码信息,每次扫描一遍都要检测扫描到的二维码是不是之前扫描的
#如果没有就存放到这里。接着调用 OpenCV 的方法来实例化一个摄像头
found=set()
#调用笔记本摄像头,如果程序运行没有图像,可以把 VideoCapture(0)中的 0 改成 1、2、3 试试
capture=cv2.VideoCapture(0)
#然后要写一个死循环,不停地用摄像头来采集二维码
while(1):
    #首先用刚才实例化的摄像头来采集实时的照片
    ret,frame=capture.read()
    #然后用 pyzbar 的函数来解析图片里面是否有二维码
    #找到图像中的条形码并进行解码
    test=pyzbar.decode(frame)
    #循环检测到的条形码
    for tests in test:
        #先将它转换成字符串
        testdate=tests.data.decode('utf-8')
        testtype=tests.type
        #绘出图像上条形码的数据和条形码类型
        printout="{}({})".format(testdate,testtype)
        if testdate not in found:
        #向终端打印条形码数据和条形码类型
            print("[INFO]Found {} barcode:{}".format(testtype,testdate))
            print(printout)
    cv2.imshow('Test',frame)
    if cv2.waitKey(1)==ord('q'):
        break
```

运行结果如图 7-20 所示。

图 7-20　识别二维码

7.3.4　移动机器人视觉循码实现

1）打开一个终端，远程连接 EAI 机器人，启动底盘节点，终端输入以下代码：

```
ssh eaibot@192.168.31.200
roslaunch dashgo_driver driver.launch
```

2）再打开一个终端，远程连接 EAI 机器人，启动摄像头节点，终端输入以下代码：

```
ssh eaibot@192.168.31.200
roslaunch astra_launch astra.launch
```

3）另外打开一个终端，进入配置好的虚拟环境（名为 ros3），终端输入以下代码：

```
conda activate ros3
```

4）加入 cv_bridge 源，进入 catkin_workspace 文件夹，刷新环境变量，终端输入以下代码：

```
source ./devel/setup.bash
```

5）设置 ROS 相关的环境变量，终端输入以下程序：

```
ROS_MASTER_URI=http://192.168.31.200:11311
```

6）在程序文件存放的目录下，运行 qrcode3.py 文件，终端输入以下代码：

```
python qrcode3.py
```

运行详情如图 7-21 所示。

```
(ros3) lah@LMY:~/scripts$ python qrcode3.py
```

图 7-21　终端移动机器人循码程序

机器人在循码过程中的转向操作如图 7-22 所示。

图 7-22　追踪二维码转向效果图

机器人循码部分过程如图 7-23 所示。

567

372

627

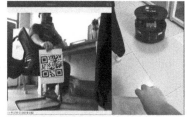

945

673

图 7-23　循码效果图

qrcode3. py 文件源码如下：

```python
#!/home/robot/anaconda3/envs/ros3/bin/python3
#-*-coding:utf-8
import rospy
import numpy as np
import cv2 as cv
from geometry_msgs.msg import Twist
from cv_bridge import CvBridge,CvBridgeError
from sensor_msgs.msg import Image
import threading

from pyzbar import pyzbar
```

```python
moveBindings={
        's':(0,0,0,0),
        'w':(1,0,0,0),
        'e':(1,0,0,-1),
        'a':(0,0,0,1),
        'd':(0,0,0,-1),
        'q':(1,0,0,1),
        'x':(-1,0,0,0),
        'c':(-1,0,0,1),
        'z':(-1,0,0,-1),
        'O':(1,-1,0,0),
        'I':(1,0,0,0),
        'J':(0,1,0,0),
        'L':(0,-1,0,0),
        'U':(1,1,0,0),
        '<':(-1,0,0,0),
        '>':(-1,-1,0,0),
        'M':(-1,1,0,0),
        't':(0,0,1,0),
        'b':(0,0,-1,0)
            }

depth_path='./depth/'
RGB_path='./RGB/'
num=1
font=cv.FONT_HERSHEY_SIMPLEX
class image_converter:

    def __init__(self):
        self.cmd_pub=rospy.Publisher('cmd_vel',Twist,queue_size=10)     #发布运动
控制信息
        self.bridge=CvBridge()
        self.image_sub = rospy.Subscriber ("/camera/rgb/image_raw ", Image,
self.callback)#订阅摄像头信息
        self.depth=False
        rospy.Subscriber("/camera/depth/image_raw",Image,self.save_depth)
    def callback(self,data):
        global num
        try:
            cv_image=self.bridge.imgmsg_to_cv2(data,"bgr8")
            #获取订阅的摄像头图像
        except CvBridgeError as e:
```

```
        print(e)

    #然后设置一个变量,来存放扫描的二维码信息,每次扫描一遍都要检测扫描到的二维码是不
是之前扫描的
    #如果没有就存放到这里。接着调用 OpenCV 的方法来实例化一个摄像头
    #最后设置一些存放二维码信息的表格的路径
    found=set()

    #然后用 pyzbar 的函数来解析图片里面是否有二维码
    #找到图像中的条形码并进行解码
    test=pyzbar.decode(cv_image)

    twist=Twist()
    twist.linear.x=0
    twist.linear.y=0
    twist.linear.z=0
    twist.angular.z=0

    #循环检测到的条形码
    for tests in test:
        #先将它转换成字符串
        testdate=tests.data.decode('utf-8')
        testtype=tests.type

        #####################
        #画框
        (x,y,w,h)=tests.rect
        cv.rectangle(cv_image,(x,y),(x+w,y+h),(0,255,0),2)
        #画中心点
        circle_point=(x+int(w/2),y+int(h/2),)
        cv.circle(cv_image,circle_point ,20,(0,255,0),2)
        cv.circle(self.depth,circle_point ,20,(0,255,0),2)
        #print(self.depth.shape)
        #print(cv_image.shape)
        #print(circle_point)
        #
        distance=self.depth[y+int(h/2)][x+int(w/2)]
        cv.putText(cv_image,str(distance),(x+int(w/2),y+int(h/2)),font,1,
(0,0,255),2)

        cv.putText(self.depth,str(distance),(x+int(w/2),y+int(h/2)),font,1,
(0,0,255),2)

        if self.depth is not False:
            image_name=str(num)+'.png'#编号命名
            #cv.imwrite(depth_path+image_name,self.depth)
            cv.imwrite(RGB_path+image_name,cv_image)
            #print(self.depth)
```

```
        num+=1
####################

#绘出图像上条形码的数据和条形码类型
printout="{}({})".format(testdate,testtype)
center_x=int(x+w/2)
height,width=cv_image.shape[0:2]
screen_center=width/2
offset=50

#左右转向和移动
if center_x<screen_center-offset:
    testdate='a'
    print("turn left")
elif screen_center-offset <=center_x <=screen_center+offset:

    if distance>700:
        testdate='w'
        print("forward")
    elif distance<600:
        testdate='x'
        print("backward")
    else:
        testdate='s'
        print("keep")
elif center_x > screen_center+offset:
    testdate='d'
    print("turn right")
else:
    testdate='s'
    print("stop")

twist.linear.x=moveBindings[testdate][0]
twist.linear.y=moveBindings[testdate][1]
twist.linear.z=moveBindings[testdate][2]
twist.angular.z=moveBindings[testdate][3]

if testdate not in found:
    #向终端打印条形码数据和条形码类型
    print("[INFO]Found {} barcode:{}".format(testtype,testdate))
    #print(printout)

try:
    self.cmd_pub.publish(twist)
    #print(twist)
except CvBridgeError as e:
```

```
            print(e)

        #显示图像
        cv.imshow("Image",cv_image)
        cv.imshow("Image2",self.depth)
        cv.waitKey(3)

    def save_depth(self,data:Image):
        #print(data.encoding)
        self.depth=self.bridge.imgmsg_to_cv2(data,desired_encoding='16UC1')

        #self.depth=np.array(self.depth,dtype=np.float)
        #self.depth=self.depth*1000 #unit:m to mm
        #self.depth=np.round(self.depth).astype(np.uint16)
'''
class pup(threading.Thread):
    def __init__(self,mes):
        threading.Thread.__init__(self)

        self.rate=rospy.Rate(1)
        self.mes=Twist()

    def run(self):
        while 1:
            #发布运动指令
            try:
                self.cmd_pub.publish(twist)
                #print(twist)
            except CvBridgeError as e:
                print(e)
'''

if __name__=='__main__':

    try:
        rospy.init_node("cv_bridge_test")
        rospy.loginfo("Starting cv_bridge_test node")
        image_converter()
        #thread.start()

        #cmd_pub=rospy.Publisher('cmd_vel',Twist,queue_size=10)
        #thread_1=pup(twist)
        #thread_1.start()

        rospy.spin()
```

```
except KeyboardInterrupt:
    print("Shutting down cv_bridge_test node. ")
    cv.destroyAllWindows()
```

7.4　基于百度智能云 API 的移动机器人循码实现

二维码的识别方法有很多，除了 7.3 节介绍的调用 pyzbar 库识别二维码的方法，还有基于百度智能云 API 识别二维码的方法。

7.4.1　基于百度智能云 API 的二维码识别

在当下这个人工智能时代，各大互联网公司都提供了云计算平台，常见的有百度智能云、华为云、阿里云、腾讯云等。智能云可以理解为"云计算"与"人工智能"的结合，通常情况下，人们想利用人工智能来提高生产效率，但机器学习模型的搭建和代码的编辑会劝退很多人。随着云计算平台的出现，让 AI 算法的使用门槛大大降低。

这里以百度智能云为例进行介绍。搜索"百度智能云"，进入其官网。

依次单击"产品"→"人工智能"，可以看到这里提供了很多人工智能服务。如果要使用二维码识别，则单击"通用场景文字识别"，如图 7-24 所示。

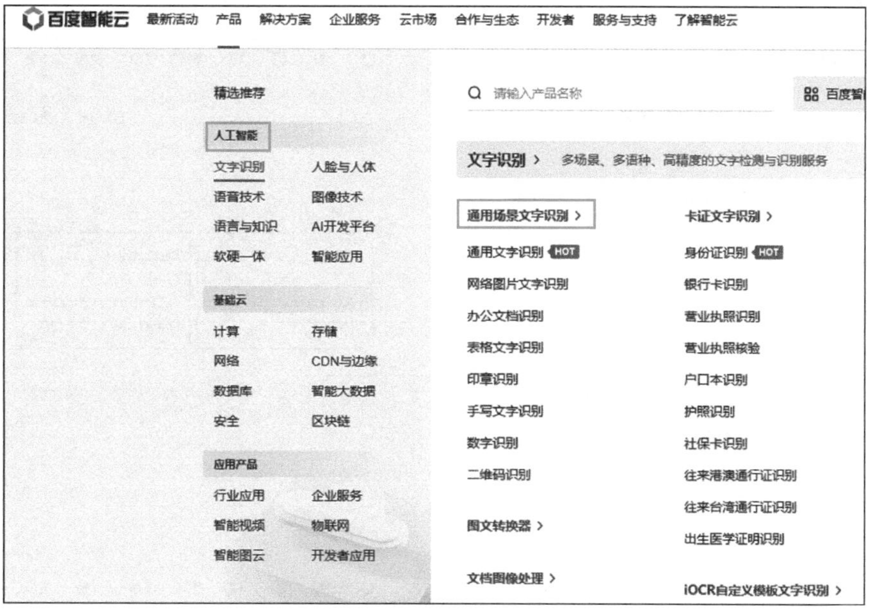

图 7-24　二维码识别方法

进入下一个界面后，可以单击"技术文档"，里面有各种文字识别的方法和使用教程，包括二维码使用的教程，如图 7-25 所示。

也可以单击"立即使用"，在概览界面中单击"创建应用"，填写相应资料后即可使用。创建完成后，单击"应用列表"，选择刚刚创建的应用。这里的 API Key 和 Secret Key

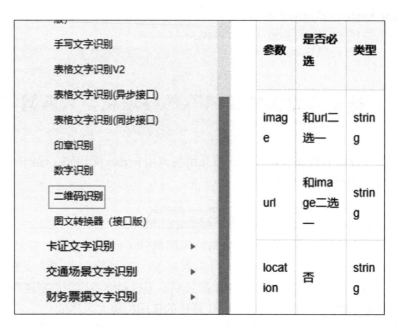

图 7-25　二维码识别使用介绍

很重要，不同账号这两项不同。另外，要找到二维码 API 的请求地址，可以看到其为 https://aip.baidubce.com/rest/2.0/ocr/v1/qrcode，如图 7-26 所示。

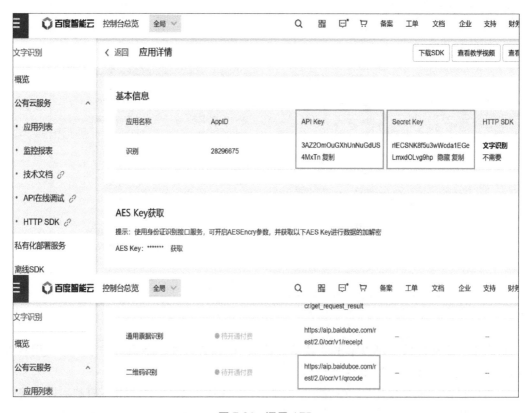

图 7-26　调用 API

获得以上 3 项数据后，在代码 baidu. py 中输入，以方便调用二维码识别 API。部分代码如下：

```
#client_id=API Key\client_secret=Secret Key
client_id='whQdUz4vlexuwPq90bcbAzLs'
client_secret='yoZNkyXOTEbfdmaBWCvVSxN8RNbSUxFj'
#获取百度的 access_token
def get_token():
    host =' https://aip. baidubce. com/oauth/2.0/token? grant _ type = client _
credentials&client_id='+client_id+'&client_secret='+client_secret
    request=urllib. request. Request(host)
    request. add_header('Content-Type','application/json; charset=UTF-8')
    response=urllib. request. urlopen(request)
    token_content=response. read()
    if token_content:
        token_info=json. loads(token_content. decode("utf-8"))
        token_key=token_info['access_token']
    return token_key
#调用二维码识别接口
request_url="https://aip. baidubce. com/rest/2.0/ocr/v1/qrcode"
#access_token='[ 24.2a85b0981d10cbd1eee4e55fee29e589.2592000.1649658557.282335-
25749328]'
access_token=get_token()
request_url=request_url+"? access_token="+access_token
headers={'content-type':'application/x-www-form-urlencoded'}
```

7.4.2 基于百度 API 的移动机器人循码实现

基于百度 API 的实现基本流程与基于 pyzbar 的实现一致，只是物体检测的方法不同，基于百度 API 的实现只要在代码中调用发布的 API 接口，就可以实现目标的检测。

操作流程如下：

1）打开一个终端，远程连接 EAI 机器人，启动底盘节点，终端输入以下代码：

```
ssh eaibot@192.168.31.200
roslaunch dashgo_driver driver. launch
```

2）再打开一个终端，远程连接 EAI 机器人，启动摄像头节点，终端输入以下代码：

```
ssh eaibot@192.168.31.200
roslaunch astra_launch astra. launch
```

3）另外打开一个终端，进入配置好的虚拟环境（名为 ros3），终端输入以下代码：

```
conda activate ros3
```

4）加入 cv_bridge 源，进入 catkin_workspace 文件夹，刷新环境变量，终端输入以下代码：

```
source ./devel/setup. bash
```

5）设置 ROS 相关的环境变量，终端输入以下程序：

```
ROS_MASTER_URI=http://192.168.31.200:11311
```

6）在程序文件存放的目录下，运行 qrbaidu. py 文件，终端输入以下代码：

```
python qrbaidu.py
```

移动机器人循码效果图如图 7-27 所示（此方法有一定延迟）。

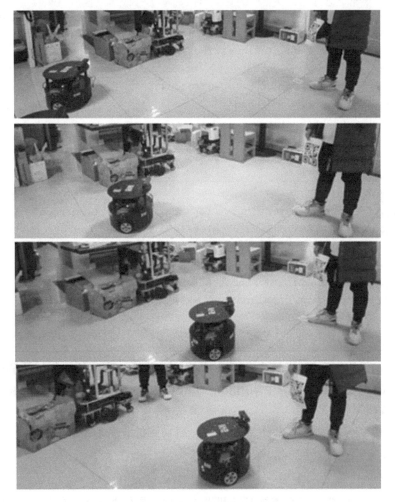

图 7-27　移动机器人循码效果图

7.5　可能遇到的问题

1）安装 cv_bridge，执行 catkin_make 时，出现报错：

```
--Could NOT find PY_em(missing:PY_EM)
CMake Error at/opt/ros/noetic/share/catkin/cmake/empy.cmake:30(message):
```

```
Unable to find either executable'empy'or Python module'em'...try
  installing the package'python3-empy'
Call Stack(most recent call first):
  /opt/ros/noetic/share/catkin/cmake/all.cmake:164(include)
  /opt/ros/noetic/share/catkin/cmake/catkinConfig.cmake:20(include)
  CMakeLists.txt:58(find_package)

--Configuring incomplete,errors occurred!
See also "/home/lah/cvbri_ws/build/CMakeFiles/CMakeOutput.log".
Invoking "cmake" failed
```

出现这个报错是因为 catkin 找的 Python 版本为 Anaconda 中的版本，所以需要改为指定 Python3 版本。

解决方法为终端输入以下命令，即可编译成功：

```
catkin_make-DPYTHON_EXECUTABLE=/usr/bin/python3
```

2）编译过程中，可能会出现以下报错：

```
CMake Error at/usr/share/cmake-3.6/Modules/FindBoost.cmake:1677(message):
  Unable to find the requested Boost libraries.
  Boost version:1.58.0
  Boost include path:/usr/include
  Could not find the following Boost libraries:
          boost_python3
  No Boost libraries were found.You may need to set BOOST_LIBRARYDIR to the direc-
tory containing Boost libraries or BOOST_ROOT to the location of Boost.
  Call Stack(most recent call first):
  CMakeLists.txt:11(find_package)
```

这是因为 CMake 试图找到 libboost_python3.so 库，但是在 Ubuntu 中它是 libboost_python-py36.so（/usr/lib/x86_64-linux-gnu/libboost_python-py36.so）。因此，应该在文件 src/vision_opencv/cv_bridge/CMakeLists.txt 中将 find_package() 中的内容更改为 python-py36，然后再重新编译，如图 7-28 所示。

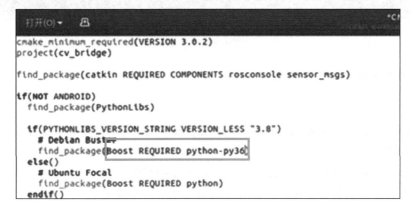

图 7-28　修改 CMake

编译成功画面如图 7-29 所示。

图 7-29　编译成功

3）验证 cv_bridge 是否安装成功时，执行 from cv_bridge. boost. cv_bridge_boost import getCvType，出现如图 7-30 所示的报错：

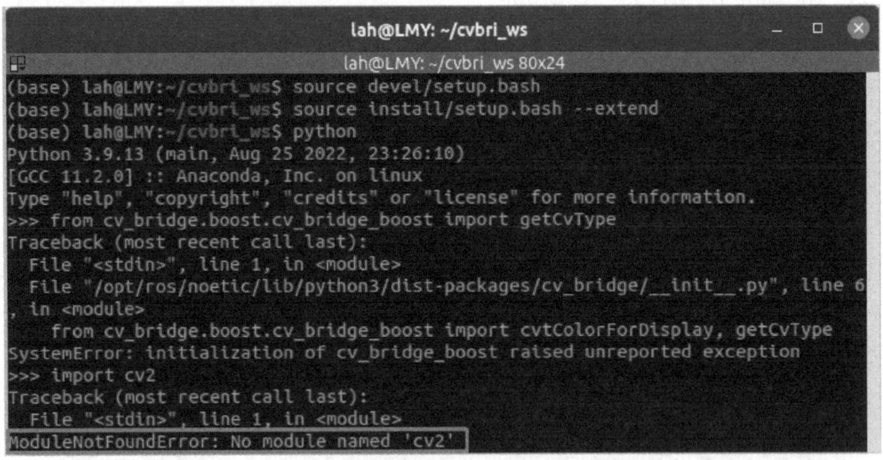

图 7-30　报错

解决方法为终端输入以下代码：

```
pip install opencv-python
```

执行 from cv_bridge. boost. cv_bridge_boost import getCvType 不报错，就表示 cv_bridge 安装成功，如图 7-31 所示。

4）执行 qrcode3. py 时，出现如图 7-32 所示类型的报错。

缺少哪个模块就安装哪个模块，部分模块可以用下列格式安装：

```
pip install 模块名
```

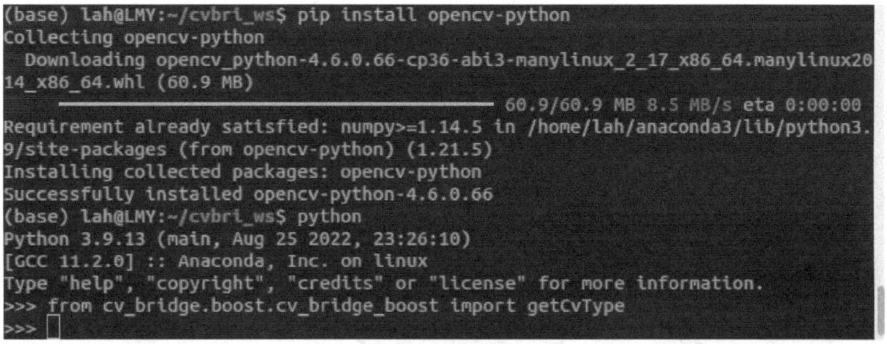

图 7-31　cv_bridge 安装成功

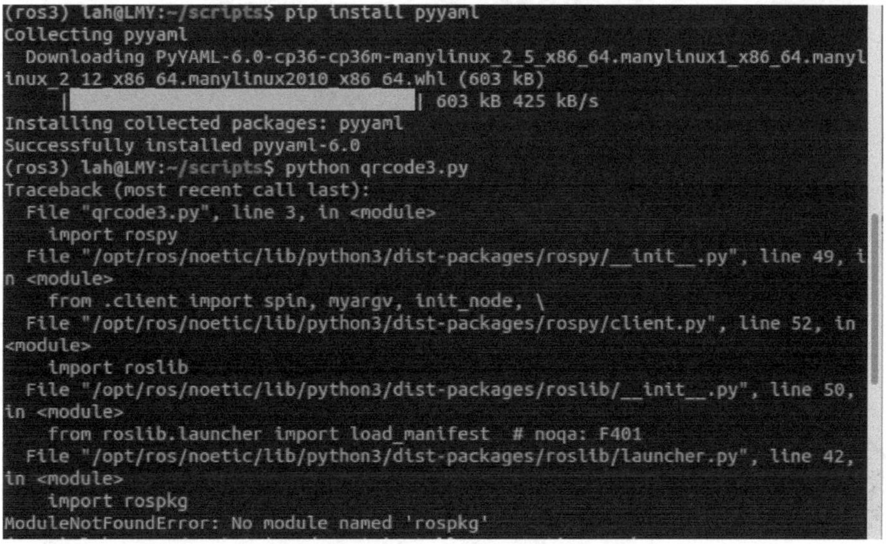

图 7-32　缺少模块的报错类型

图 7-32 缺少的 rospkg 模块和 pyyaml 模块可以用以下代码安装：

```
pip install rospkg
pip install pyyaml
```

5）安装 pyzbar 时，pip 方式的安装可能会失败，虽然安装时显示安装成功，但运行程序 qrcode_test.py 时可能会报错。若报错，采用 sudo apt install libzbar-dev 的方式安装即可。

7.6　课后习题

1. 阅读 EAI 机器人中自带的代码，实现机器人原地转圈。
2. 阅读 EAI 机器人中自带的代码，实现机器人直行 1m。
3. 简述双目相机测距原理。
4. 简述双目测距的难点。

第 8 章
移动机器人视觉追踪项目

8.1　项　目　简　介

随着计算机视觉与机器人技术的紧密结合，人们开发出一些应用视觉追踪的新产品，如图 8-1 所示的智能跟随行李箱。与需要人手动推拉的行李箱相比，视觉追踪技术的应用使得行李箱能准确地跟随主人，更加省力，解放双手。

图 8-1　智能跟随行李箱

本章主要实现 EAI 移动机器人追踪网球的项目。这个项目的实验效果如图 8-2 所示。这个项目旨在帮助读者进一步掌握 RGB-D 相机的使用，通过两种视觉目标检测实现方法，完成移动机器人视觉追踪的任务。

图 8-2　移动机器人追踪网球的实验效果

本项目所使用的环境与第 7 章移动机器人视觉循码项目一致，可以在第 7 章所创建的虚拟环境 ros3 中可直接运行。本次实验为实现视觉追踪的效果，采用了如下两种方法实现：

1. 采用 OpenCV 实现目标检测

首先借助 OpenCV 将摄像头所取每一帧图像转换为 BGR 格式图片，通过目标网球在图片中的位置和面积大小来控制 EAIbot 机器人的运动。

2. 采用 EasyDL 物体检测模型实现目标检测

首先在百度 AI 开放平台 EasyDL 图像中的物体检测模块创建并训练好目标检测模型，然后通过调用百度 API 接口完成目标检测，最后利用移动机器人的目标跟踪算法对目标网球进行自动跟踪。项目的主要步骤如图 8-3 所示。

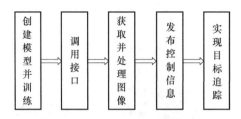

图 8-3　EasyDL 物体检测模型实现目标检测主要步骤

8.2　视觉追踪原理

视觉目标跟踪（Visual Object Tracking）是计算机视觉领域的一个重要研究问题。通常来说，视觉目标跟踪是在一个视频的后续帧中找到在当前帧中定义的感兴趣物体的过程，主要应用于一些需要目标空间位置及外观（形状、颜色等）特性的视觉应用中。

在本项目中，机器人的视觉跟踪目标是一个网球。首先，要解决的问题是机器人如何"找到"网球，即定位网球的位置。假设在视频上一帧找到了网球所在的位置，现在需要在当前帧中继续找到网球所在的位置。在这里，可以利用的已有规则是：在同一段视频中，相同的物体在前后两帧中的尺寸和空间位置不会发生巨大的变化。例如，可以做出如下判断：网球在当前帧中的空间位置大概率会在地上，而几乎不可能在高处的桌子上。也就是说，如果想知道网球在当前帧中的空间位置，只需要在地面生成一些候选位置，然后在其中进行寻找即可。上述过程引出了视觉跟踪中第一个重要的子问题，即候选框生成。

其次，如何定义"感兴趣物体"，即如何给机器人塑造网球的形象。网球就是图像中最鲜艳的黄绿色球体。但是，我们忽略了一个问题，就是对于网球的"定义"其实已经包含了很多高度抽象的信息，例如最鲜艳的黄绿色外观。在计算机视觉领域中，通常将这些高度抽象的信息称为特征。对于机器人而言，如果没有特征，网球和地面或者图像中其他对于人类有意义的物体没有任何区别。因此，想让机器人对网球进行跟踪，特征表达和提取（Feature Representation and Extraction）是非常重要的一环，也是视觉跟踪中第二个重要的子问题。

最后是"后续帧"。在这里，将"后续帧"关注的问题定义为如何利用前一帧中的信息在当前帧中鉴别（Distinguish）目标。不仅需要在"后续帧"中的每一帧都能完成对目标的跟踪，还强调连续帧之间的上下文关系对于跟踪的意义。直观理解，该问题的答案非常简单：在当前帧中找到最像上一帧中的跟踪结果的物体即可。这就引出了视觉跟踪中第三个重要的子问题：决策（Decision Making）。决策是视觉跟踪中最重要的一个子问题，也是绝大多数研究人员最关注的问题。通常来说，决策主要解决匹配问题，即将当前帧中可能是目标的物体和上一帧的跟踪结果进行匹配，然后选择相似度最大的物体作为当前帧的跟踪结果。

下面简要介绍目标检测算法。目前，目标检测算法大致分为两类：传统的目标检测算法和基于深度学习技术的目标检测算法。

8.2.1　传统的目标检测算法

传统的目标检测算法分三步：选取区域、提取图像特征和分类器分类。常用的图像特征有四种：颜色、形状、梯度和模式。

颜色特征主要有 RGB、HSV 和 Color Names 三种。RGB 的优点是能直观表达颜色，如图 8-4 所示。

HSV（色调 H、饱和度 S 和明度 V）的优点是受明亮度变化影响小（见图 8-5）。Color Names 比 RGB 能更好地表达颜色，因为光和阴影对颜色特征有很大的影响，所以常常与其他特征相结合来减少光和阴影对其影响。常见的有 Color 空间不变特征（Color-SIFT）算法、HSV 空间不变特征（HSV-SIFT）算法、色调直方图不变特征（Hue-SIFT）算法。

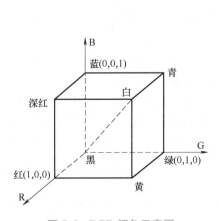

图 8-4　RGB 颜色示意图

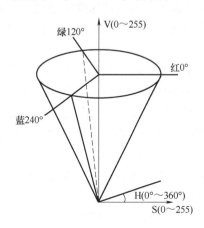

图 8-5　HSV 颜色示意图

常见的形状特征算法有 Harris 算法和 FAST 算法。Harris 算法对光线变化等影响小，但计算复杂、实时性差，Harris 算法检测结果如图 8-6 所示；FAST 算法计算快但对噪声敏感。

梯度特征是局部特征，常见的算法有 SIFT、HOG 和 DPM 等，这些算法最核心的部分是通过梯度方向直方图描述特征。SIFT 通过特征点附近的梯度信息进行描述，如图 8-7 所示；HOG 通过梯度强度和方向进行描述；DPM 则是对不同部分区域进行描述。但是这些算法的描述子的维度较大、计算复杂、比较耗时，所以也有研究者提出各种改进算法，如 PCA-SIFT 和 Co HOG 等。

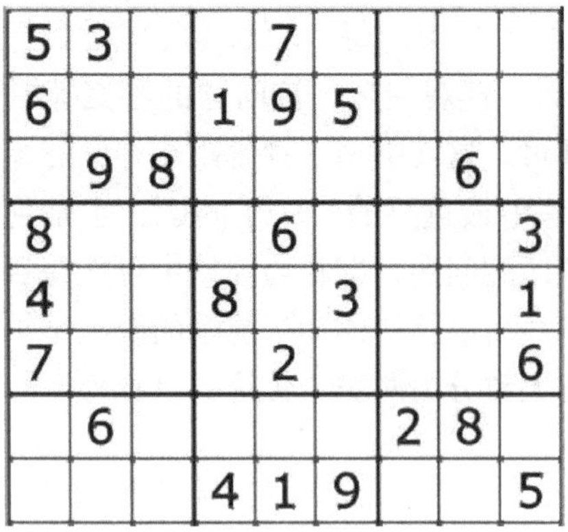

图 8-6　Harris 算法检测结果

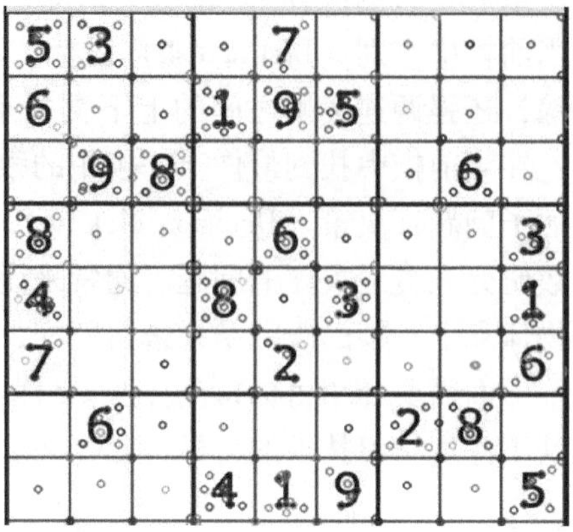

图 8-7　SIFT 算法检测结果

　　模式特征主要靠纹理、粗糙度等特征判断目标，常见的算法有 Gabor 变换、LBP、Haar 等。Gabor 变换主要是通过滤波器进行卷积得到特征；LBP 是利用对比方式得到局部描述；Haar 描述线性、中心等特征。模式特征算法用于描述图像的表面特征，对于光照影响稳定，但是对阴影十分敏感，所以常常用于人脸识别。

8.2.2　基于深度学习的目标检测算法

　　基于深度学习的目标检测主要是通过各种神经网络来实现目标检测，也可以细分为 3 种：基于候选区域的目标检测算法、基于回归的目标检测算法和基于增强学习的目标检测算法。

　　基于候选区域的目标检测算法最具代表性的有 R-CNN、Fast R-CNN 及 Faster R-CNN。R-CNN 基本流程分为 4 步：首先选取区域，然后进行目标分类，接着进行位置回归，最后给出检测结果。Fast R-CNN 是利用自适应尺度池化优化网络结构。Faster R-CNN 则是通过构建区域建议网络（RPN）作为代替，其特点在于算法精度高，但是需要反复选择区域，速度慢。Qi Fang 等人利用 Faster R-CNN 将候选检测区域的提取和分类统一为单一的卷积网络体系结构，并利用多人学习机制来完成网络参数的学习，同时提高了物理检测的效率和准确性，准确跟踪多个目标。

　　基于回归的目标检测算法包括 YOLO 系列算法和 SSD 算法。其方式就是彻底抛开 region 思想，直接在一个神经网络中进行回归分类。其特点是算法速度快，但是检测多个目标时，有时会忽略较小的目标而影响精度。YOLO 算法省略了选取区域的步骤，直接传输网络，通过深度神经网络直接输出结果。目前，YOLO 算法已经发展到了第 7 个版本，即 YOLOv7。YOLOv7 在 5~160 FPS 范围内，速度和精度都超过了所有已知的目标检测器，并在 GPU V100 上，30 FPS 的情况下达到实时目标检测器的最高精度 56.8% AP。有兴趣的读者可以自行到 GitHub 搜索了解。SSD 算法则是通过金字塔结构特征层融合不同卷积层的特征图识别目标，该算法精度高，特征描述能力强。但是，相对于 YOLO 算法，SSD 算法的版本迭代更新较慢。

8.3　基于 EasyDL 的物体检测模型

8.3.1　EasyDL 平台简介

EasyDL 是一个专业面向于企业客户和个人开发者用户的零基础定制 AI 应用开发服务平台，为所有零算法基础的应用开发者客户提供了定制高精度 AI 模型应用的专业服务，包括数据处理、模型开发训练、服务管理、模型应用部署功能模块，在本次实验中要用到其中的物体检测功能。

物体检测模型用于定制识别图片中目标的位置和名称，适合有多个目标主体或要识别目标位置及数量的场景。常见的应用场景有视频监控、工业检测、零件计数等。模型建立的基本流程如图 8-8 所示。

1.创建模型　　2.上传并标注数据　　3.训练模型并校验效果　　4.上线模型获取API或离线SDK

图 8-8　模型建立的基本流程

首先在导航"创建模型"中填写模型名称、业务用途等信息即可创建模型，如图 8-9 所示，然后在"数据总览"中单击"创建数据集"，如图 8-10 所示。

模型列表 ＞ 创建模型

模型类别	物体检测
标注模版 *	矩形框
模型名称 *	
您的身份	企业管理者　企业员工　**学生**　教师
学校名称	请输入学校名称
邮箱地址 *	1**********@qq.com
联系方式 *	188*****910
业务用途 *	0/500

完成

图 8-9　创建模型

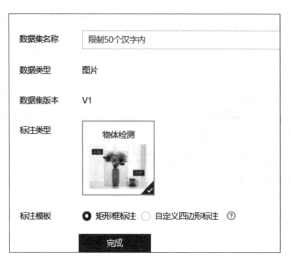

图 8-10　创建数据集

　　然后在创建好的数据集中导入数据集并进行标注，可以使用网页提供的在线标注功能。标注过程如图 8-11 和图 8-12 所示。标注时应注意两点：

1）所有图片中出现的目标物体都需要被矩形框框住。

2）矩形框所包含的目标物体应完整，且尽可能不要包含多余背景。

图 8-11　数据集导入

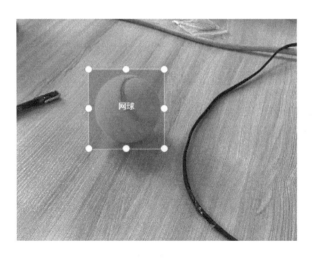

图 8-12　标注图片

8.3.2　模型训练

1. 数据集准备

如图 8-13 所示，在本项目中，选取黄绿色网球作为目标检测对象，采取在不同环境下明亮程度不同时所拍摄的网球图片作为数据集。

图 8-13　数据集中部分网球图片

2. 模型训练及评估

如图 8-14 所示，导入已创建好的数据集并进行标注。在全部图片标注完成后，配置训练环境为 TeslaGPU_P4_8G 显存单卡_12 核 CPU_40G 内存，数据增强策略选取默认配置。

如图 8-15 所示，在模型训练完成后，另外选取不在数据集中的网球图片，进行模型校验，查看模型目标检测的准确度。

完成模型校验，即可查看完整的模型评估报告。在报告中，可以看到模型训练的整体情况说明，包括基本结论、平均精度均值（mean Average Precision，mAP）、精确率、召回率。这部分模型效果的指标基于训练数据集，随机抽出部分数据不参与训练，仅参与模型效果评估计算得来。mAP 在物体检测算法理论中用来衡量算法效果指标；精确率为在某一阈值下正确预测的物体总数与预测物体总数之比；召回率是指在某一阈值下正确预测的物体数与真实物体数之比。

图 8-14　模型训练

图 8-15　模型校验部分结果

8.4　机器人视觉追踪实验操作

8.4.1　基于 OpenCV 的实现方案

由于要追踪的网球颜色基本为绿色,因此可以将绿色作为物体检测的特征,简单来说就是通过 OpenCV 识别出绿色物体(默认为网球,实验时摄像头范围内尽量不出现其他绿色物体,以免干扰实验),并根据其位置和大小信息控制 EAI 机器人移动。

操作流程如下:

首先设置 ROS 运行的主从机:虚拟机为从机,并启动 ROS。

```
export ROS_MASTER_URI=http://192.168.31.200:11311
```

```
roscore
```

打开一个终端，远程连接 EAI 机器人，启动底盘，如图 8-16 所示。

```
ssh eaibot@192.168.31.200
roslaunch dashgo_driver driver.launch
```

图 8-16 启动底盘成功

打开一个终端，远程连接 EAI 机器人，启动摄像头，如图 8-17 所示。

```
ssh eaibot@192.168.31.200
roslaunch astra_launch astra.launch
```

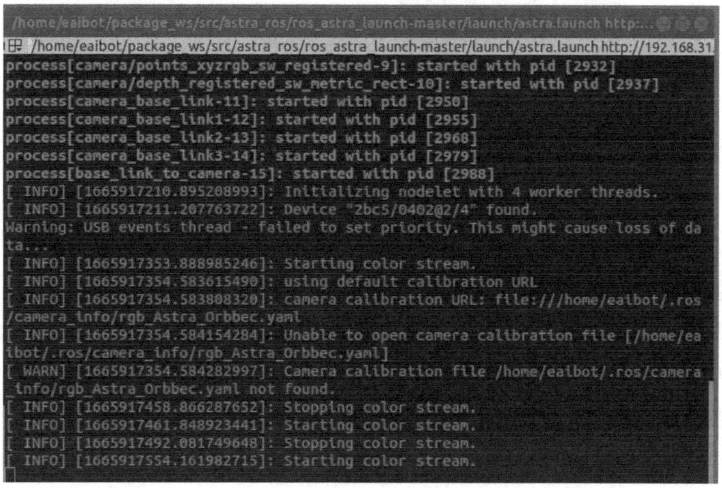

图 8-17 启动摄像头成功

打开一个新的终端，进入之前配置好的虚拟环境（名为 ros3）：

```
conda activate ros3
```

进入 catkin_workspace 文件夹，输入：

```
source ./devel/setup.bash
```

进入 scripts 文件夹，运行程序，机器人开始追踪网球，如图 8-18 所示。

```
python tennis_track.py
```

图 8-18　机器人开始追踪网球

8.4.2　基于 EasyDL 的实现方案

EasyDL 实现基本流程与 OpenCV 实现一致，只是物体检测的方法不同，8.3.2 节已经使用 EasyDL 训练出了模型，只要在代码中调用发布的 API 接口，就可以实现目标的检测。使用 EasyDL 训练出的模型能极大地提高目标检测的准确率，能够在更复杂的环境下实现视觉追踪。

操作流程如下：

首先设置 ROS 运行的主从机：虚拟机为从机，并启动 ROS。

```
export ROS_MASTER_URI=http://192.168.31.200:11311
roscore
```

打开一个终端，远程连接 EAI 机器人，启动底盘，结果同图 8-16。

```
ssh eaibot@192.168.31.200
roslaunch dashgo_driver driver.launch
```

打开一个终端，远程连接 EAI 机器人，启动摄像头，结果同图 8-17。

```
ssh eaibot@192.168.31.200
roslaunch astra_launch astra.launch
```

打开一个新的终端，进入之前配置好的虚拟环境（名为 ros3）：

```
conda activate ros3
```

进入 catkin_workspace 文件夹，输入：

```
source ./devel/setup.bash
```

进入 scripts 文件夹，运行程序，机器人开始追踪网球，如图 8-19 和图 8-20 所示。

```
python thread.py
```

图 8-19　EasyDL 实现网球追踪

图 8-20　机器人追踪网球过程

图 8-20　机器人追踪网球过程（续）

通过 EasyDL 模型对网球追踪的代码要点有以下几点：

1）通过 threading 函数实现代码的多线程，由于此实验需要发布节点与接收节点同时运行，若是将发布节点写入接收节点的回调函数中，可能会导致发布节点信息的缺失，即使设置延时函数也会有一定的缺失，两个线程分别为接收节点与发布节点。实现代码如下：

```
class pup(threading.Thread):
    def __init__(self):
        threading.Thread.__init__(self)
        self.pub=rospy.Publisher('cmd_vel',Twist,queue_size=1)
        self.rate=rospy.Rate(10)
        self.mes=Twist()
    def run(self):
        while 1:
            #print(self.mes)
            #print(twist)
            self.pub.publish(twist)
            self.rate.sleep()
```

2）在接收节点中，接收通过 EasyDL 目标识别模块识别到网球的反馈信息主要有：目标标签、中心点位置、识别框的宽高。可以通过标签来确定跟随目标，在提取目标的位置信息后，通过中心点的横向位置决定小车的左右方向，通过识别框的大小决定小车前进或后退及相应速度。

3）通过 2）中计算得到的速度信息，通过 Twist 信息类型发布至小车控制节点上，实现对网球的目标追踪。

小球追踪实验的完整代码在 https://gitee.com/haogeqishi/eaibot-teaching-use 中的 eaibot_tennis.zip 里。

8.5 课后习题

1. 仔细阅读代码，简述网球追踪的策略。

2. 本章的代码中都默认视野范围中只有一个网球，简述若出现多个网球该如何处理以保证程序正常运行。

3. 寻找自己感兴趣的物体，实现对其追踪。

附　录

课后习题参考答案

第 1 章

1. 略

2. 略

3. 导航模块、2D F4 雷达、超声波、蓝牙、无线路由器、陀螺仪、移动底盘。

第 2 章

1. cd/　　　　cd ~　　　　cd../　　　　cd../../../

2. ls-l

3. rm-r./桌面/robot

4. -f 表示强制执行命令操作；-r 表示递归执行命令操作；-if 表示强制执行命令操作前，询问是否进行此操作。

5. 双系统安装 Ubuntu 的优点：

1）使用系统过程中，双系统出现的错误或者 bug 比较少。

2）用双系统硬件可被本系统完全占用，效率高些。

3）对于一般配置的计算机，双系统比虚拟机流畅，但是如果硬件配置足够高，虚拟机也很流畅。

双系统安装 Ubuntu 的缺点：

1）双系统一次只能使用一个系统，若要切换系统必须重启。

2）开机速度变慢，开机时多一个启动项，如果用户没有默认启动系统，则在开机时需要跳到运行系统界面，手动选择运行哪个系统，这将造成开机时间变长。

虚拟机安装 Ubuntu 的优点：

1）使用系统过程中，切换系统不用重启，与主机交互比较方便。

2）安装相对来说比较简单，对于初学者和不常用 Linux 系统的人员来说，虚拟机安装 Ubuntu 比较方便、快捷。

3）可以自助升级配置，增加 IP、宽带等功能，升级过程无须停机。

虚拟机安装 Ubuntu 的缺点：

1）大部分情况下，硬盘读写速度很慢，开机需要很长时间，软件开启时间很长。

2）容易出现一些小问题，需要自己解决的问题很多。

3）占用主系统的计算资源，包括 CPU 和 GPU 等。

6. vim 编辑器主要有 3 种工作模式。

1）命令模式：启动 vim 编辑器后默认进入命令模式，该模式中主要完成如光标移动、字符串查找，以及删除、复制、粘贴文件内容等相关操作（要点：无论处于哪种工作模式，按<Esc>键都可进入命令模式。编辑模式和命令行模式的切换，必须要经过命令模式）。

2）编辑模式：在命令模式下，输入 A（a）、I（i）、O（o）均可进入编辑模式，此模式下能够进行文本的输入、删除。

3）命令行模式（末行模式）：在命令模式下，输入"："""/"""？"均可进入命令行模式。由于此模式的输入会显示在窗口的最后一行，也叫末行模式。此模式下能够进行搜索、保存、离开等操作。

7. more 和 less 的区别：

1）less 可以通过键盘上、下方向键控制显示上、下文内容，而 more 不能。

2）less 不必读整个文件，more 需要读取整个文件，所以 less 加载速度比 more 更快。

3）less 退出后不会在 shell 上留下刚显示的文件内容，而 more 退出后会留下刚显示的文件内容。

第 3 章

1. 优点：可实现全向移动。缺点：每个轮子都需要一个驱动轮，承重能力较弱。

2. turtle_tf_dome.launch 发布了 3 个坐标系，分别是世界坐标系、turtle1 坐标系和 turtle2 坐标系，包含一个 TF 广播器（Broadcaster）发布 turtle1 坐标系，一个 TF 订阅器（Listener）计算两个 turtle 坐标系之间的距离，从而控制 turtle2 跟随 turtle1。

3. 略

4. 略

第 4 章

1. TF 库能够实现系统中某一点在其他坐标系之间的坐标变换，即只要给定某个坐标系下一个点的坐标，就能获得这个点在其他坐标系的坐标。例如 4.3 节中的相机坐标系与世界坐标系，世界坐标系中的某一点，通过旋转和平移能够用相机坐标系中的坐标来表示。

2. 参考 1.6 节逆运动学内容。

3. 1）根据 D-H 法建立坐标系的规则建立坐标系，如附图 1 所示。

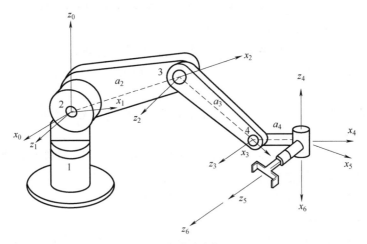

附图 1　建立坐标系

2）将建立的坐标系简化为线图形式，如附图 2 所示。

3）根据建立的坐标系确定各参数，并写入附表 1。

附表 1　D-H 参数表

序号	θ	d	a	α
1	θ_1	0	0	90°
2	θ_2	0	a_2	0°

（续）

序号	θ	d	a	α
3	θ_3	0	a_3	0°
4	θ_4	0	a_4	−90°
5	θ_5	0	0	90°
6	θ_6	0	0	0°

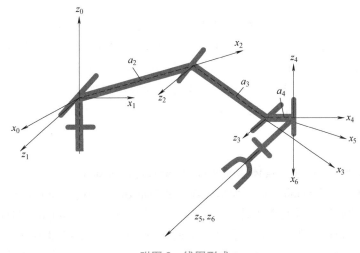

附图 2　线图形式

4. D-H 参数法的优点是只需要最少数量的参数来描述机器人运动学，即对于一个 n 杆机器人，可以用 $3n$ 个参数描述机器人结构，其中 n 为关节变量数；其缺点在于需要建立连杆坐标系。其他的方法还有指数积法等，扩展知识可参考《现代机器人学》。

第 5 章

1. 目标检测、语义分割和实例分割是计算机视觉中常用的 3 种任务类型。它们的区别在于任务目标和输出结果的不同。

目标检测是指在一张图像中检测出图像中的物体，并标注出物体所在的位置和类别。目标检测可以分为两类：单目标检测和多目标检测。单目标检测指的是检测一张图像中的一个物体，而多目标检测指的是检测一张图像中的多个物体。例如在一张街景图像中，检测出图像中的汽车、行人和建筑等物体。

语义分割是指将一张图像中的每个像素都分配到一个语义类别中，例如人、车、路、树等。相同类别的像素会被标记为相同的颜色或数字。例如，在一张街景图像中，将图像中的每个像素分配到行人、汽车、建筑和天空等不同的语义类别中。

实例分割是指将一张图像中的每个物体都分配到一个唯一的标识符中，即为每个物体分配一个独立的标签。这与语义分割不同，因为不同的实例（同一类别）会被标记为不同的标签。例如在一张街景图像中，将图像中的每个汽车、行人和建筑都分配一个独立的标签。

举例说明：以一张街景图像为例，假设图像中有一辆红色的汽车、一个行人和一座建筑。

在这张图像中，目标检测算法会检测到图像中的汽车、行人和建筑，并标注出它们所在的位置和类别，如汽车（bbox = [x, y, w, h]）；语义分割算法会将图像中的每个像素都分配到一个语义类别中，如将汽车的像素标记为红色，行人的像素标记为蓝色，建筑的像素标记为灰色等；实例分割算法会将图像中的每个汽车、行人和建筑都分配一个唯一的标识符，如汽车1、行人1、建筑1等。

2. 参照5.1节。

3. 略

4. 语音信号在经过传声器接收后，转换为进入系统输入端的电信号。首先，系统预处理输入信号，将信号切割成许多帧，并在开头和结尾时切断禁音段以避免影响后续操作。然后，系统会对剪切好的语音信号执行信号分析等相关操作，并进行特征抽取，提取特征参数，使这些参数形成一组特征向量。最后，将特征参数与训练好的语言和声学模型相比较，根据具体规则，计算相应概率，选择与特征参数匹配的结果，得到语音识别的文本结果。

第6章

1. 通过静态坐标系链接，具体修改文件为 dashgo_base. xacro。

2. 最大区别在于 Gmapping 是一种基于粒子滤波的建图方式，Cartographer 最大的特点在于有一个图优化的后端，对前端累计的误差进行一次性纠正。Gmapping 的优点为小场景环境下计算量较低，缺点为严重依赖里程计，大的场景下由于粒子点增多较占系统资源。Cartographer 的优点为可通过回环约束消除累计误差，具有额外传感器信息的输入通道，如 IMU、GPS、地标等，缺点为由于过多的暴力匹配导致占据大量的计算资源。

3. 因为 AMCL 有聚类步骤，将评分较低的粒子筛除，并且在每次迭代初始时，会基于当前粒子群向外撒点。

4. 不能，全局路径规划是基于静态地图规划的最优路径，在动态障碍物出现时并不能规划如何规避它。

5. 可以修改动态障碍物的膨胀半径或增大障碍物危险等级规定的范围。

第7章

1. 原地旋转 360°：

ssh eai@ 192. 168. 31. 200

rosrun dashgo_tools check_angular. py

2. 前进 1m：

ssh eai@ 192. 168. 31. 200

rosrun dashgo_tools check_linear. py

3. 双目相机测距的原理是先通过对两幅图像视差的计算，得到前方目标的距离，再通过目标检测算法对图片进行处理。

4. 双目测距的第一个难点在于计算量非常大，对计算单元的性能要求非常高，落地实现时双目视觉的计算难度比较大。第二个难点在于双目视觉的配准效果，虽然测距过程中可以采用立体匹配算法提升测距精度，但由于本身测距的原理要求两个镜头之间的误差越小越好，如果两个镜头都有 5% 左右的误差，那么对于后期调校的算法，难度就会加大很多，而且不能保证确定性。

第 8 章

1. 代码是通过保证摄像头视野中的网球始终处于屏幕水平位置的中间来实现追踪网球的。摄像头的每一帧画面检测到网球后，会用方框将其框出，计算出方框和摄像头画面水平方向的中点，保持两者处于一定范围内。每当网球偏离中心点，就控制机器人往相同的方向转动。而机器人的转弯、移动在前面章节的学习中都已经实现。

2. 如果视野中同时出现多个网球，按照需要追踪其中一个即可（这里以最近的一个为例）。在目标检测算法找出全部目标后将其全部标出，由于要跟踪最靠近机器人的网球，所以只需要跟踪最大的目标。OpenCV 中也有相应的函数实现，（contourArea 和 arcLength 分别可以计算轮廓的面积和周长）直接调用即可。

3. OpenCV 实现需要将代码中检测目标的部分修改，使其可以检测到所要追踪的物体，而 EasyDL 只要重新训练模型，然后将 API 有关的信息修改即可，其余控制机器人的部分均可不变。

参 考 文 献

［1］鸟哥. 鸟哥的 Linux 私房菜：基础学习篇［M］. 4 版. 北京：人民邮电出版社，2018.

［2］BLUM R，BRESNAHAN C. Linux command line and shell scripting bible［M］. 4th ed. New York：John Wiley & Sons，2008.

［3］JOSEPH L，CACACE J. Mastering ROS for robotics programming：design，build，and simulate complex robots using the Robot Operating System［M］. 2nd ed. Birmingham：Packt Publishing Ltd，2018.

［4］FAIRCHILD C，HARMAN T L. ROS robotics by example［M］. Birmingham：Packt Publishing Ltd，2016.

［5］SICILIANO B，SCIAVICCO L，VILLANI L，et al. Robotics：Modelling，Planning and Control［M］. London：Springer，2009.

［6］CRAIG J J. Introduction to robotics：mechanics and control［M］. 3rd ed. New York：Pearson Educacion，2005.

［7］熊有伦，李文龙，陈文斌，等. 机器人学：建模、控制与视觉［M］. 2 版. 武汉：华中科技大学出版社，2020.

［8］LI J Y，DENG L，HÄB-UMBACH R，et al. Robust Automatic Speech Recognition［M］. Amsterdam：Elsevier Inc.，2015。

［9］MINAEE，BOYKOV Y，PORIKLI F，et al. Image segmentation using deep learning：a survey［J］. IEEE Transactions on Pattern Analysis and Machine Intelligence，2022，44（7）：3523-3542.

［10］TAKOS G. A survey on deep learning methods for semantic image segmentation in real-time［D］. Ithaca：Cornell University，2020.

［11］宋桂岭，明安龙. 移动机器人开发技术：激光 SLAM 版［M］. 北京：机械工业出版社，2022.

［12］朱志宇. 粒子滤波算法及其应用［M］. 北京：科学出版社，2010.

［13］胡春旭. ROS 机器人开发实践［M］. 北京：机械工业出版社，2018.

［14］张虎. 机器人 SLAM 导航：核心技术与实战［M］. 北京：机械工业出版社，2021.

［15］高翔，张涛等. 视觉 SLAM 十四讲［M］. 2 版. 北京：电子工业出版社，2019.

［16］毛星云，冷雪飞，等. OpenCV3 编程入门［M］. 北京：电子工业出版社，2015.